SOLUTIONS

DES

PROBLÈMES

D'ARITHMÉTIQUE

A. BECQUÉ

LIBRAIRIE ... Cie, ÉDITEUR

SOLUTIONS

PROBLÈMES D'ARITHMÉTIQUE

PARIS. — IMP. VICTOR GOUPY, RUE GARANCIÈRE, 5.

SOLUTIONS

DES

PROBLÈMES

D'ARITHMÉTIQUE

PAR

A. BÉGUIN

Professeur à l'École municipale Turgot et à l'École commerciale.

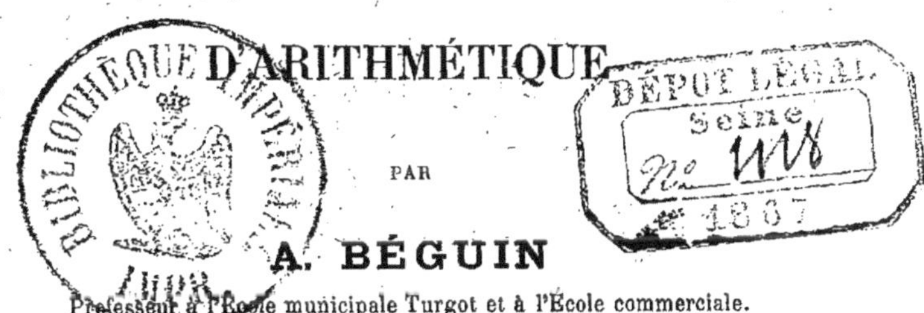

PARIS
CH. DELAGRAVE ET Cie, LIBRAIRES-ÉDITEURS,
RUE DES ÉCOLES, 78.

1867

PRÉFACE

La résolution complète d'un problème d'arithmétique comprend deux parties distinctes : la partie théorique ou explicative et le calcul.

Au point de vue exclusif de la spéculation, le calcul, à la rigueur, peut être sacrifié à la théorie ; mais, dans l'enseignement professionnel, où pratique et théorie doivent marcher de front, l'une ne doit pas, ne peut pas être sacrifiée à l'autre. Il y a plus : dans les diverses branches du commerce et de l'industrie, dans les professions libérales mêmes, un praticien rend souvent plus de services qu'un théoricien.

La méthode généralement adoptée pour la solution des problèmes est la méthode analytique. Cette méthode, comme on sait, procédant du connu à l'inconnu, décompose la question en ses divers éléments pour les recomposer ensuite dans leur ensemble en suivant un ordre inverse. C'est la marche de l'esprit humain dans toute recherche. C'est à cette cause évidemment qu'il faut attribuer la faveur dont elle jouit dans toutes les branches des mathématiques.

Pour analyser un problème, il importe tout d'abord de bien saisir les relations qui lient entre elles les données et les inconnues : les conséquences et les développements se présentent alors naturellement à l'intelligence.

Il est donc indispensable de disposer l'énoncé avec clarté, de rapprocher les quantités qui doivent être combinées entre elles. C'est une recommandation qu'on ne saurait trop faire aux élèves qui écrivent le plus souvent les données d'une manière confuse.

Qu'un rapport, par exemple, soit présenté au chef d'une grande administration, n'est-il pas évident qu'un tableau où les chiffres sont groupés avec art, où l'œil peut embrasser à la fois le commencement et la fin, est plus éloquent que les phrases les plus brillantes? C'est une économie de temps d'ailleurs, et le temps c'est de l'argent, comme disent les Anglais : « *time is money*. »

Que les élèves s'exercent donc de bonne heure à apporter dans leur travail cet esprit d'ordre qui sera un jour pour eux une condition de réussite; qu'ils sachent bien que l'ordre est une richesse et le désordre une ruine.

Les solutions que nous offrons aujourd'hui, sans être complètes (ce qui aurait nécessité un volume trop étendu), sont néanmoins assez explicites pour l'intelligence de nos problèmes.

Les développements d'ailleurs ont été mesurés aux difficultés mêmes des questions. Un peu d'attention suffira donc aux élèves pour comprendre les solutions de ces problèmes. Notre but, en les publiant, n'est pas de leur donner un travail tout fait, mais de leur montrer le chemin qu'ils doivent suivre et de les y guider.

[illegible]

SOLUTIONS

DES

PROBLÈMES D'ARITHMÉTIQUE

ADDITION DES NOMBRES ENTIERS.

1. 34280178 individus jusqu'à 60 ans, en France.

2. 570324000^{kg} de sel produits en France, en 1847.

3. 699000000^{kg} de viande obtenus annuellement en France.

4. 277962530 habitants en Europe.

5. 9437875 km. carrés, superficie de l'Europe.

6. 84950 km., longueur des lignes de fer dans le monde, en 1857.

7. 25726^f, produit brut d'une ferme.

8. 15037^f, dépenses de la même ferme.

9. 322256000 hectolitres de blé, production annuelle en Europe.

10. 1° 704473050^f, valeur des productions minérales, en Angleterre, année 1855;
2° 67814039 tonnes, plus 187 kilogr. de minéraux.

11. 106208906 kilogrammes, consommation des comestibles dans Paris, en 1857.

SOUSTRACTION.

12. 7159284 cultivateurs propriétaires en France.

13. 36999149 hectolitres de vin consommés annuellement en France.

14. 36382700^{kg} de savon de Marseille, consommés annuellement en France.

15. 7237 individus sur 20000, en France, meurent avant l'âge de 20 ans.

16. 4993 voitures à quatre roues à Paris.

17. 69713000 ^{kg} de sucre, augmentation de 1856 à 1857.

18. 85319 quintaux métriques de cuivre nous sont fournis par l'importation.

19. 27632796 kilogr. de soufre, augmentation dans la consommation de la France, de 1820 à 1855.

20. 227 ans, âge du plus ancien acacia français.

21. 5555, excès des naissances sur les décès, à Paris, en 1859

22. 14663646 hectares, consacrés aux villes, aux fleuves, etc.

23. 10669^f, bénéfice d'une ferme.

24.

Nord	66^k	accroissement en 1858.
Est	218	—	—
Ardennes	101	—	—
Ouest	191	—	—
Orléans	265	—	—
Paris-Médit.	157	—	—
Lyon-Genève	40	—	—
Midi	67	—	—
Dauphiné	42	—	—
Béziers	52	—	—

1199^k accroissement de tout le réseau.

MULTIPLICATION.

25. 24058000^f, prix du beurre consommé par an à Paris.

26. 1315961830^k, consommation de la viande en Angleterre.

27. 1519605792^f, valeur du froment récolté en France.

28. 1° 18720^k; — 2° 5880^f; — 3° 2643547200 grains.

29. 16200000^f, production annuelle du mercure.

30.

55299915^f Recette du ch. de fer du Nord			en 1858.	
54206600	—	—	de l'Est	—
43098540	—	—	de l'Ouest	—
59755770	—	—	d'Orléans	—
95959136	—	—	Paris-Médit.	—
1451205	—	—	Ceinture	—

309771166^f Recette totale.

31. 1737261666^f, valeur de la production annuelle des principaux métaux dans le monde entier.

32. 40090668^f, excès de la valeur de la bière consommée à Londres sur Paris.

33. 1495^f.

34. 13895^f, valeur du cheptel d'une ferme des environs de Provins.

35. 56000 pas faits par un piéton, en 7^{h}28^m.

36. 79758^f, valeur des feuilles de mûrier dans un hectare.

37. 5325000^m, longueur de 75^k de fil de laine, n° 100.

DIVISION.

38. 19^k de viande consommés en moyenne par chaque indi-vidu en France.

39. 83^k de viande consommés annuellement par chaque Parisien.

40. 3351 voitures circulent en moyenne, par jour, à Paris.

41. 164 litres de vin consommés, en moyenne, par chaque Parisien.

42. 14^k de sucre doit être la consommation moyenne annuelle de chaque individu.

43. 86 hectares, en France, ne rapportent pas plus que 63 hectares en Angleterre.

44. 35280^k de nourriture consommés en 30 jours par 56 bœufs.

45. 11^k de sucre consommés, en moyenne, par individu, à Paris.
4^k de sucre, en France.
Un peu moins de 4^k de sucre, dans la province.

46. 2, rapport de la puissance nutritive du haricot à celle du froment.

47 *. 142292^k de coton filé par jour en France.

48. 1° 2815^f; — 2° 945^f; — 3° 3186^f.

49. 536000^k de fécule.

50. 2678^f.

51. 69694 ouvriers filateurs en France.

52. 5240 hectolitres.

* *Nota.* Ce quotient et quelques autres ne sont qu'approchés.

53. 1 hectolitre de blé semé par hectare.

54. 13 journées de 10 batteurs au fléau pour 238 hectolitres.

SUR LES QUATRE OPÉRATIONS DES NOMBRES ENTIERS.

55. $1^h25^m6^s$ au puits de Grenelle pour fournir 204240 litres.

56. 24 fruits fournis par un cédratier.

57. 232000^k de thé consommés en France.

58. 29250^f.

59. 63730^k.

60. 35875000 individus du sexe féminin en Russie.
34125000 — masculin —

Solution. La population totale 70000000 contient 2 fois la population du sexe masculin, plus 1750000.

Donc, 70000000 moins 1750000 = 2 fois la population du sexe masculin.

61. 97200^f.

62. 750^f.

63. 192000^k de houille pour fournir 132 sacs de noir de fumée.

64. 75624^f, produit brut par kilomètre du chemin de fer d'Orléans à Paris.

Solution. $\dfrac{3934920^f \text{ dépense totale}}{29810^f \text{ dépense par kilom.}} = 132 \text{ kilom.}$

Donc $\dfrac{9982444^f \text{ produit brut total.}}{132 \text{ kilom.}} =$ produit brut par kilom.
$= 73624^f$.

65. 15 hectares.

Solution. La récolte de la première coupe est la moitié de la récolte totale ou $\dfrac{255720^k}{2} = 127860^k$.

Donc, autant de fois 8524^k, récolte de la première coupe, sera contenu dans 127860^k, autant le pré a d'hectares $\frac{127860}{8524} = 15$ hectares.

66. 1056^k de tabac sec produit par hectare, en Flandre.
     396^k —   —   à Cahors.

Solution. 9 hectares de Flandre produisent autant que 9 hectares de Cahors $+660 \times 9$.

Donc, 11088^k contiennent la production de 9+4 ou 13 hectares de Cahors $+660^k \times 9$.

Par conséquent, 11088^k — 660$^k \times 9$ ou 5148^k égalent la production de 13 hectares de Cahors.

67.   3027^k d'argent, production annuelle de la France.
   1247752^k —   —   sur le globe.

Solution.

Product. de la France en 500 ans = product. du globe $+265748^k$
    —   —   412 — =   —   —   — 628^k
Donc   —   en 88 ans =   —   — $+266376^k$

Par suite   —   en 1 an $= \frac{266376}{88} = 3027^k$

68. 637500 maisons à Paris, à peu près.

69. 500 bouchers; 604 boulangers; 1125 épiciers à Paris, en 1848.

Solution.

       Bouchers = bouchers.
      Boulangers = bouchers $+104$
       Épiciers = 2 bouchers $+104+21$
Donc, somme 2229 = 4 bouchers $+229$
Par suite 2229 — 229 = 4 bouchers
      $\frac{2000}{4}$ = nombre des bouchers.

70. 5713 fabricants de meubles; 36184 ouvriers.

Solution.

   7 fois fabricants = nombre d'ouvriers $+3807$
   6   —   — =   —   —1906
Donc,   1 fois   — =   —   5713

Par conséquent, nombre d'ouvriers est égal à $5713 \times 7 - 3807 = 36184$.

71. 6250 individus produits par une paire de charançons.

FRACTIONS A DEUX TERMES.

72. 120 grammes de café moulu pour 1 litre d'eau.

73. 3978^k, valeur de la paille d'un champ de 17 hectares.

Solution. $\dfrac{2028^k \times 17}{78} = 442 \text{ hectol.}$

$21^f \times 442 = 9282^f$, valeur du grain.

$\dfrac{9282^f \times 3}{7} = 3978^f$, valeur de la paille.

74. 327707692^f, valeur des tissus de soie exportés de France, en 1857.

75. 60747000^f, valeur de la production des mines du Chili.

Solution. Les $\dfrac{4}{9} + \dfrac{2}{7} + \dfrac{5}{18} = \dfrac{127}{126}$ du reste $= 53086000^f$,

$\dfrac{1}{126} = \dfrac{53086000^f}{127}$ et $\dfrac{126}{126} = \dfrac{53086000^f \times 126}{127} = 52668000^f$.

Donc, en ajoutant à ce reste 52668000^f les 8079000^f qu'on a retranchés du produit total des mines, on trouvera la valeur de ce produit ou 60747000^f.

76. 173400000^f, valeur des tissus de laine exportés de France, en 1857.

Solution. $\dfrac{1}{4} + \dfrac{2}{3} + \dfrac{5}{12} = \dfrac{16}{12} = \dfrac{4}{3}.$

Les $\dfrac{4}{3}$ de la valeur des tissus surpassent cette même valeur de $\dfrac{1}{3}$; donc, 57800000^f est le tiers de la valeur totale des tissus exportés.

Par suite, $57800000 \times 3 = $ la valeur totale.

77. 168^k de zinc.

Solution. Le zinc est $\dfrac{1}{4}$ de 672^k.

78. 899767194 œufs pondus par an, en France.

Solution. Les $\frac{3}{5}$ de 365 $=$ 219.

Donc, le nombre d'œufs est égal à 219$\times$4108526.

79. 9450^k, poids de 162 hectol. de riz décortiqué.

Solution. Les $\frac{3}{4}$ de 75$^k\times$168.

80. 4$^f+\frac{12}{49}$, prix d'un hectol. de pommes de terre.

81. 41333$^f+\frac{1}{3}$, dépense des travaux d'art, par kilomètre du chemin de fer de Paris à Orléans.

Solution. La dépense des travaux d'art est les $\frac{2}{5}$ de la dépense totale.

Les $\frac{3}{5}$ de la dépense totale $=$ 62000^f.

$$\frac{1}{5} \quad - \quad - \quad = \frac{62000^f}{3}$$

$$\text{Et } \frac{2}{5} \quad - \quad - \quad = \frac{62000\times 2}{3} = 41333^f + \frac{1}{3}.$$

82. 425000^m, longueur des rues de Paris.

Solution. $\frac{1}{5}+\frac{19}{85}+\frac{3}{17}=\frac{51}{85}$

$\frac{51}{85}$ de la long. totale $+$170000^m $=$ long. totale,

Donc, 170000^m $=\frac{34}{85}$ de la long. totale.

$$\frac{170000^m}{34} = \frac{1}{85} \quad - \quad -$$

$$\frac{170000^m\times 85}{34} = \text{long. totale.}$$

83. 645000 quintaux de beurre vendus par la France à l'Angleterre, en 1860.

84. 2976 kilomètres dans 49 kilo. $\frac{3}{5}$ de fil de coton.

85. 25000000 kilo. poids des cocons en France.

Solution. $\dfrac{165000000^f}{55^f} = 3000000^k$ de soie.

$\dfrac{3}{25}$ du poids des cocons $= 3000000^k$

$\dfrac{1}{25}$ —   — $= \dfrac{3000000^k}{3}$

$\dfrac{25}{25}$ —   — $= \dfrac{3000000^k \times 25}{3} = 25000000^k.$

86. 250^f, frais de cueillette de 250 touffes de groseilliers, 20^k de groseilles par touffe.

Solution. Autant de fois 6 journées $\frac{1}{2}$ seront contenues dans 325 journées, autant il y aura de fois 5^f de frais, et autant de fois 100^k de groseilles.

$$325 : 6\frac{1}{2} = \frac{325 \times 2}{13} = 25 \times 2 = 50.$$

Donc, les frais s'élèvent à 50 fois 5^f ou 250^f, et le nombre de kilo. de groseilles est de 50 fois 100^k ou 5000^k dans les 250 touffes.

Donc, par touffe $\dfrac{5000^k}{250} = 20^k.$

87. 184^k $\frac{2}{25}$ de châtaignes ne valent que 107^k $\frac{1}{4}$ de pruneaux dans la nutrition de l'homme.

Solution.

1^k $\frac{3}{8}$ de pruneaux équivalent à 2^k $\frac{9}{25}$ de châtaignes.

$\dfrac{1^k}{8}$ — équivaut à $\dfrac{59^k}{25 \times 11}$ —

et $\dfrac{8}{8}$ ou (1^k) —   — $\dfrac{59 \times 8}{25 \times 11}$ —

Donc, 107$^k + \frac{1}{4}$ ou $\left(\dfrac{429}{4}\right)$ —   — $\dfrac{59 \times 8 \times 429}{25 \times 11 \times 4}$ —

C'est-à-dire, en simplifiant et effectuant les calculs, 184$^k + \frac{2}{25}$.

88. 126 hectolitres de grains.

1.

89. $109333^k + \frac{1}{3}$ de coke produits par jour dans les usines à gaz de Paris.

Solution. Autant il y a de fois 23 m. cubes dans 56580 m. cubes, autant il y a de fois 100^k de houille

$$\frac{56580}{23} = 246.$$

Donc, il y a 246000^k de houille.

Par conséquent, le coke fourni est les $\frac{4}{9}$ de 246000^k ou 109333$^k + \frac{1}{3}$.

90. $4^f + \frac{1}{2}$, prix de 100^k de paille d'avoine.

Solution.   77^k de froment valent 21^f

Donc, 100^k de paille ou 11^k —   valent $\frac{1}{7}$ de 21 f. ou 3 f.

Si la paille de froment vaut les $\frac{2}{3}$ de la paille d'avoine, celle-ci vaut les $\frac{3}{2}$ de la paille de froment ; donc 100 kilog. de paille d'avoine valent $\frac{3}{2}$ de 3 fr. ou 4 fr. $\frac{1}{2}$.

91. 26095476 hommes ou 5219095 chevaux $+ \frac{1}{5}$ du travail d'un cheval.

92. 474^k, poids du cheval.
   237^k à 26 kilomètres.

Solution. $79 \times 2 \times 3$, poids du cheval.

93. $35^k + \frac{26}{83}$.

Solution. 240 pains de 2^k pèsent 480^k.

La croûte de ces 240 pains pèse donc $\frac{480^k \times 17}{83} = 98^k + \frac{26}{83}$.

168 pains de munition pèsent 252^k.

La croûte de ces 168 pains pèse donc $\frac{252^k}{4} = 63^k$.

Donc, la différence est $35^k + \frac{26}{83}$.

94. 4 jours $+\frac{1}{6}$.

Solution. 2 hectares en $\frac{2}{5}$ de jour.

$$1 \quad - \quad \text{en} \frac{1}{5} \quad -$$

$$\text{Et } 20^{\text{h}}\frac{5}{6} \quad - \quad \text{en} \frac{125}{6\times5} = 4 \text{ j.} + \frac{1}{6}.$$

95. $469^{\text{k}}+\frac{123}{133}$ de bois ne chauffent pas plus que 100^{k} de houille.

Solution. Si la chaleur utilisée était la même pour les deux combustibles, il faudrait $\dfrac{175^{\text{k}}\times100}{76}$ de bois pour chauffer autant que 100^{k} de houille.

Et si la chaleur utilisée, lorsqu'on brûle du bois dans la cheminée, est 3 ou 4 fois moindre que lorsqu'on brûle de la houille, la quantité de bois devra être encore 3 ou 4 fois plus grande.

Donc, la quantité de bois demandée est exprimée par

$$\frac{175\times100}{76}\times\frac{6\times50}{49\times3} = 469^{\text{k}}+\frac{123}{133}.$$

96. 600 hectolitres d'orge équivalent à 312 hectolitres de froment.

Solution. Le prix de l'orge est les $\frac{13}{25}$ de celui du froment, ou, en d'autres termes,

13 hectol. de froment valent 25 hectol. d'orge.

$$\text{donc} \quad 1 \quad - \quad - \quad \text{vaut} \frac{25}{13} \quad - \quad -$$

$$\text{et } 312 \quad - \quad - \quad \text{valent} \frac{25\times312}{13} = 600.$$

97. $5^{\text{k}}+\frac{20}{21}$, au moment de la mise au grenier.

Solution. Puisque le foin perd en se desséchant les $\frac{4}{25}$ de son poids,

$5^k = \dfrac{21}{25}$ du poids d'une hotte au moment de sa mise au grenier.

$$\frac{1}{25} \text{ de ce poids} = \frac{5^k}{21}$$

$$\text{et } \frac{25}{25} \quad - \quad = \frac{5 \times 25}{21} = 5^k + \frac{20}{21}.$$

98. 16638600^f, valeur de la production annuelle de l'étain.

Solution.

Saxe et Bohême			1868 q.
Angleterre	$\frac{1}{2}$	de la production	$+2185$
Inde	$\frac{2}{5}$	— —	$+3510$
	$\frac{9}{10}$	— —	$+7563$ q. = prod. total.

7563 q. $= \dfrac{1}{10}$ de la production totale.

75630 $=$ production totale.

$220^f \times 75630 =$ valeur de la production totale.

99*. 27300000^k de raisins dits de Corinthe.

Solution.

$$\left(\frac{4}{5} + \frac{6}{13} + \frac{1}{3} + \frac{11}{39}\right) - \left(\frac{2}{3} + \frac{1}{5} + \frac{7}{20} + \frac{8}{15}\right) = 2475000^k$$

$$\text{ou} \quad \frac{99}{780} = 2475000^k.$$

$$\text{Récolte en Grèce} = \frac{2475000^k \times 780}{99} = 19500000^k$$

$$\text{Récolte des I. Ionn.} = \frac{2}{5} \text{ de } 19500000^k = 7800000$$

$$\text{Total} = \overline{27300000^k}$$

100. 1° 3000324 tonnes de fer   en Angleterre.
2° 9000972 — de minerai   employées.
3° 12001292 — de ch. de terre   —

* *Nota.* Dans l'énoncé, après $\frac{7}{20}$, au lieu de $\frac{11}{39}$, lisez $\frac{8}{15}$.

Solution.

Le minerai surpasse le fer de ses $\frac{2}{3}$;

Donc, $6000648^t = \frac{2}{3}$ du minerai.

$\quad$ Minerai $= 9000972$ tonnes.

$\quad$ Fer $= \dfrac{9000972}{3} = 3000324$ tonnes.

$\quad$ Charbon $= 3000324^t \times 4 = 12001296$ tonnes.

101. 1° 852000 quint., production du plomb en Europe.
$\quad$ 2° 392000 $\quad$ — $\quad$ — $\quad$ en Angleterre.
$\quad$ 3° 312000 $\quad$ — $\quad$ — $\quad$ en Espagne.
$\quad$ 4° $\quad$ 8000 $\quad$ — $\quad$ — $\quad$ en France.
$\quad$ 5° 51000 $\quad$ — $\quad$ — $\quad$ en Autriche.
Le reste 89000 est fourni par les autres contrées européennes.

Solution.

$\dfrac{2}{213}$ de la production totale $= 8000$ quintaux.

$\dfrac{1}{213}$ $\quad$ — $\quad$ — $\quad$ 4000 $\quad$ —

$\dfrac{213}{213}$ $\quad$ — $\quad$ — $\quad$ $4000 \times 213 = 852000$ quint.

FRACTIONS DÉCIMALES.

102. $9^f,125$ consommation annuelle d'une poule.

103. 157046^f de groseilles et cerises vendues à Paris en juillet 1860.

104. $5221^f,76$. Train de 548 voyageurs.

105. $3379^f,20$ — de bestiaux.

106. $0^f,60$ prix moyen d'une douzaine d'œufs.

107. $0^{gr},2025$, poids d'un karat.

108. $0^f,98$ prix moyen d'un kilog. de viande.
Solution. $5^k,6$ coûtent $3^f,90 + 1^f,588$ ou $5^f,488$.

109. 4441 orangers par hectare en Espagne.

110. 0^f, 45, prix d'une tasse de chocolat.
0^f,446,   —   —   de café.
0^f,076,   —   —   de thé.

111*. 2491 mètres, hauteur de l'hospice de Saint-Bernard.
Solution. La descente se fait dans les 0,72 du temps employé à monter, et par suite l'ascension dans les $\dfrac{100}{72}$ de la descente ou 329 minutes.

Pour 7^m l'ascension est de 53^m; pour 329^m elle sera de
$$\frac{329\times53^m}{7} = 2491 \text{ mètres.}$$

112. 24 siècles aux eaux du Nil pour exhausser le sol de 3^m,468.

113. 4^m,628, hauteur du cheval.
Solution. Hauteur $= \dfrac{0^m,43956\times400}{27} = 4^m,628.$

114. 98 moutons tondus.
Solution. Nombre de moutons $= \dfrac{944^f,634}{3^f,40\times2,745} = 98.$

115. 46997^m,4, parcours d'un cheval au grand trot en un jour.

116. 479^{f}325, dépense annuelle d'un cheval.

117**. Or....
$\begin{cases} 1^{er}\text{ titre.} & 660^{gr},240 \\ 2^e\quad— & 602\ ,640 \\ 3^e\quad— & 537\ ,840 \end{cases}$

Argent..
$\begin{cases} 1^{er}\quad— & 515\ ,970 \\ 2^e\quad— & 434\ ,070 \end{cases}$

Solution pour l'or.
Poids au premier titre $= 720\times(0,920—0,003)$
—   — $= 720\times(0,840—0,003)$
Et ainsi de suite.

* *Nota.* Dans l'énoncé, au lieu de 3^{h}21^{m}52^s,8, lisez 3^{h}56^{m}52^s,8.
** *Nota.* Dans l'énoncé lisez 5 millièmes pour l'argent, 3 pour l'or.

118. 309^f pour la 1re pièce.
  228 75   —   2e —
  257 25   —   3e —

Solution.

1re pièce   = 1re pièce.
2e —   = 1re pièce   —1177^m
3e —   = 1re pièce$\times$0,8+ 147^m,4
Somme des trois pièces = 1re pièce$\times$2,8—1029^m,6
Ou   11660^m = 1re pièce$\times$2,8—1029^m,6
D'où 11660^m+1029^m,6 = 1re pièce$\times$2,8

Donc,   1re pièce $= \dfrac{12689^m,6}{2,8} = 4532^m$

Par suite, 2e — $= 4532^m—1177^m, = 3355^m$
Et   3e — $= 4532^m\times0,8+147,4 = 3373^m$

Par conséquent, frais pour la 1re pièce $= \dfrac{4532\times0^f,75}{11} = 309^f$, etc.

119. 28^f les 100^k de fécule.

SYSTÈME MÉTRIQUE.

120. 487653537,135 hectolitres de blé en France.

121. 367^k,44 pour le mouton, 1548^k,45 pour la vache.

122. 1532^{f}18.

123. 189 cent. cubes.

124. 63750 pas. — 0^m,816 grandeur d'un pas.

125. 269 hectol. 985, — 87800^k de gerbes, — 26340^k de grains.

126. 1049^{mc},375, capacité d'un grenier à fourrage pour 23 chevaux.

127. 1^m, distance de 2 pieds de tabac dans le midi.

128. 2^h $\frac{1}{2}$ tout au plus. Il faudrait 44^h $\frac{2}{5}$ pour enlever tout l'oxygène.

129. 645000 quintaux de beurre vendus à l'Angleterre:

Solution. Prix total $= 190^f \times 1076000 = 204440000^f$,

$204440000^f = 2$ fois le prix du beurre $- 40660000^f$,

Donc le prix du beurre $= \dfrac{204440000^f + 40660000}{2}$

Ou poids du beurre $= 645000$ quintaux.

130. $275440^l,61$.

Solution. $348659^l \times 0,79 = 275440^l,61$.

131. 1° $69518^{st},79$. — 2° $497164^{st},68$.

$$\text{Solution.}$$

$$1^o \quad \frac{214876^a,26 \times 33}{51^a \times 2} = 69518^{st},79$$

$$2^o \quad \frac{214876,26 \times 118}{51} = 497164^{st},68$$

132. $25356^l,15$ pour avoir un gâchis serré.

$35952\ 75$ —   —   clair.

133. 1° 146000^k, — 2° 1898^f.

$$\text{Solution.}$$

Consommation annuelle de 24 chevaux $12^k5 \times 24 \times 365 = 109500^k$

Litière . . . . 109500^k

Litière et fourrage réunis $\overline{219000^k}$

Fumier annuel des 24 chevaux, $\dfrac{219000^k \times 2}{3} = 146000^k$

Valeur de ce fumier $\dfrac{146000^k \times 1^f,30}{100} = 1898^f$

134. 8 hectares 92 ares 50 centiares, étendue du pré.

17 journées, 5 pour faucher le pré.

$$\text{Solution.}$$

$$\frac{60^f,69}{6^f,80} = 8^{ha},925$$

Autant de fois 51 ares sera contenu dans 892^a, autant il faudra de journées pour faucher le pré.

$$\frac{892,5}{51} = 17\ j.,5$$

135. 6000^k

Solution.

$400^k \times 25 = 10000^k$ poids des 25 bœufs.

$\dfrac{10000^k \times 4,5}{100^k} = 450^k$ consommation quotidienne des 25 bœufs.

750 m. carrés contiennent donc 450^k de fourrage.

1 — contient $\dfrac{450}{750}$

Et 10000 — contiennent $\dfrac{450 \times 10000}{750} = 6000^k$

136. 16 j , 2^h, 42' 45".

Solution.

Le labourage des 378 sillons exige $\dfrac{804 \times 378}{0,67}$ ou 453600^s

Les changements de sillons demandent $282^m 45^s$.

En ajoutant ensemble ces deux temps,

On obtient 130^h, 42^m, 45^s, ou 16 j., 2^h, 42^m, 45^s.

137. $1068991229^k,88$.

RAPPORTS. RÈGLES DE TROIS.

138. $31^k 304$.

Solution $\dfrac{100 \times 36}{115} = 31^k 304$.

139. $346^k,88$.

Solution. Dans 25 parties de tombac il y a 16^p cuivre.

1 — — $\dfrac{16}{25}$

Donc 542 — — $\dfrac{16 \times 542}{25} = 346^k,88$

140. $2590338^f,36$, valeur des chiffons produits en France.

Solution. $\dfrac{43172306 \times 180}{3000} = 2590338^f,36$

141. 688596 grains de blé dans un hectolitre.

Solution. $\dfrac{100 \times 785000}{114} = 688596$

142. $12^f,63$.

Solution.

79^k de blé valent. $\qquad$ 24 francs

$1 \quad$ — $\quad$ vaut $\qquad \dfrac{24^f}{79}$

Et 11^k, (100^k de paille) valent $\dfrac{24^f \times 11}{79}$

1^k de paille vaut $\dfrac{24^f \times 11}{79 \times 100}$

Et $378^k \quad$ — $\quad$ vaudront $\dfrac{24^f \times 11 \times 378}{79 \times 100} = 12^f,63$

143. $397^f,82$.

Solution.

Consommation annuelle du bœuf :

$$\frac{365 \times 4 \times 524}{100} = 20^k,96 \times 365 = 7650^k,40$$

$100^k \quad$ de foin valent $\quad 5^f,20$

$1 \quad$ — $\quad$ vaudra $\quad \dfrac{5^f,20}{100}$

$7650^k,40 \quad$ — $\quad$ vaudront $\dfrac{5^f,20 \times 7650,40}{100} = 397^f,82$

144. $1^f,325$.

Solution. $\dfrac{5^f,30}{4} = 1^f,325$

1 kilog. de betteraves vaut 4 fois moins que 1 kilog. de foin.

145. 2210476 litres d'eau.

Solution. $3^{h.a}25^a07$ contiennent 32507 fois 68 litres d'eau, ou $68^l \times 32507 = 2210476$ litres.

146. $573^k,303$ plomb. — $181^k,043$ antimoine.

Solution.

Dans ($19+6$) ou 25 parties d'alliage, il entre 19 plomb.

— $\quad$ — $\quad$ 1 $\quad$ — $\quad$ — $\quad \dfrac{19}{25}$ —

Et dans $\quad$ — $\quad 754^k,346 \qquad$ — $\quad \dfrac{19 \times 754,346}{25} = 573^k,303$

En raisonnant de la même manière, on trouve la quantité d'antimoine contenue dans l'alliage.

147. $1075^k + \dfrac{7}{27}$

Solution. Puisque 1 d'antimoine s'allie avec 3 d'étain,

Pour s'allier avec $3225^k \dfrac{7}{9}$ d'étain, il faudra donc 3 fois moins d'antimoine, c'est-à-dire

$$3225^k + \frac{7}{9} \text{ divisé par } 3 = \frac{29032}{9 \times 3} = 1075^k + \frac{7}{27}$$

148. $4^k,162$

Solution. Dans $60^k,324$ d'œufs, il entre les $\dfrac{3}{5}$ de blanc,

ou $\dfrac{60^k,324 \times 3}{5}$ comme l'albumine forme les 11,5 pour 100 du blanc, il y a donc

$$\frac{60,324 \times 3 \times 11,5}{5 \times 100} = 4^k,162$$

149. $32 \text{ œufs} + \dfrac{53}{96}$

Solution. Pour $51^{gr},2$ d'eau, il faut 100 d'œuf.

Pour avoir   1   — $\dfrac{100}{51,2}$

—   1000   — $\dfrac{1000 \times 100}{51,2} = 1953,^{gr}12$

Or, puisqu'un œuf pèse 60^{gr}, il faudra donc autant d'œufs que 60^{gr} sera contenu de fois dans $1953,^{gr}12$,

$$\frac{1953^{gr}12}{60} = 32 + \frac{53}{96}$$

150. $227990^f,02$.

Solution.   1 hectare vaut. $\dfrac{131894^f,7135}{15,0823}$

Et $26^h,0709$ valent. $\dfrac{131894,7135 \times 26,0709}{15,0823}$

151. $23^k,351$

Solution.

Dans le lait qui sert à faire   37^{gr} de beurre, il y a 864^{gr} d'eau.

$$— \qquad — \qquad 1 \qquad — \qquad — \qquad \frac{864}{37}$$

Et

$$— \qquad — \qquad 1000 \qquad — \qquad — \qquad \frac{864 \times 1000}{37}$$

$$\frac{864 \times 1000}{37} = 23^k,351.$$

152. 1097^k,98.

3^h,58 ou 281^k,03 contiennent 16,8 pour cent de matières azotées, c'est-à-dire 2,8103 $\times$ 16,8 = 47^{k}21304

Or si, pour avoir 43^g de mat. azot. il faut   1^k de lait de vache.

$$— \qquad 1 \qquad — \qquad \text{il faudra } \frac{1^k}{43}$$

Et

$$— \qquad 47213^{gr}04 \qquad — \qquad \frac{1^k \times 47213,04}{43}$$

$$\frac{47213,04}{43} = 1097^k,98$$

153. 33478^{k}38 de pommes.

Solution.

Pour faire 1000^k de cidre, il faut 2340^k de pommes.

$$— \qquad 1 \qquad — \qquad \frac{2340}{1000} \qquad —$$

$$— \quad 14307 \quad (238^h,45) \qquad \frac{2340 \times 14307}{1000}$$

C'est-à-dire 33478^k,38.

154. 4269^k,8638,

Solution.

5^k de tubercules donnent 972^{gr} de fécule

$$1 \qquad — \qquad — \qquad \frac{972}{5} \qquad —$$

Et 21964,^{k}32 ou (348^h,64)   — $\dfrac{972^{gr} \times 21964,32}{5} = 4269^k,8638$

155. 50^f,085, valeur de l'huile fournie par 3$^h\frac{1}{2}$ noix.

Solution.

1^{hl} de noix rend $15^k,9$ d'huile.

$3^h\frac{1}{2}$ ou $\frac{7}{2}$ rendront $\dfrac{15^k,9\times7}{2}=\dfrac{111^k,3}{2}=55^k,65$

Comme 1^k d'huile est estimé $0^f,90$.

     $55^k,65$ —   vaudront $0^f90\times55,65=50^f085$.

156. $10148^k,166$ de pain.

Solution.

126^{hl} ou 9891^k de blé contiennent $\dfrac{9891^k\times76}{100}=7517^k16$ de farine.

Or 20^k de farine donnent 27^k de pain.

     1 —   donne $\dfrac{27^k}{20}$

Et 7517^k16 —   donneront $\dfrac{27\times7517,16}{20}=10148^k.166$

157. $1^{hl},842$ de grains.

Solution.

400^k de gerbes produisent $84^k,5$ de grains.

     1 —   produit $\dfrac{84^k,5}{400}$

  680 (80 gerbes) produiront $\dfrac{84^k,5\times680}{400}=143^k,65$

C'est-à-dire $\dfrac{143,^k65}{78^k}=1^{hl},842$.

158. 7985 gerbes $\frac{1}{4}$ à très-peu près.

Solution

Dans 401 mètres carrés on place 253 gerbes.

     1 —   — $\dfrac{253}{401}$

Et $3187,8$ —   — $\dfrac{253\times3187,8}{401}=7985^g,28$

159. 619 grammes de viande.

Solution.

Pour avoir les 130^{gr} de substances azotées qui manquent, il faudra

$$\frac{130 \times 100}{24} = 619^{gr} \text{ de viande.}$$

Il y aura alors un excédant de carbone.

160. $1394^{gr},64$ de riz.

Solution.

350 grammes de fève contiennent $29^{gr},25 \times 3,5 = 102^{gr},375$ de substances azotées.

Pour compenser les $97^{gr},625$ de substances azotées qui manquent, il faudrait

$$\frac{97,625 \times 100}{7} = 1394^{gr}64 \text{ de riz.}$$

Il y aurait alors excédant de carbone.

161. 3 hectares $+ \dfrac{1}{3}$

Solution.

100^{k} de colza rendent 30^{k} d'huile.

$$\frac{100}{30} \quad — \quad \text{rendront} \quad 1 \quad —$$

Et $\qquad \dfrac{100 \times 2856}{30} \qquad\qquad 2856 \quad —$

Autant de fois $68^{k} \times 42$, poids du colza par hectare, sera contenu dans $\dfrac{100 \times 2856}{30}$, autant il faudra d'hectares

$$\frac{100 \times 2856}{30 \times 68 \times 42} = 3^{ha} + \frac{1}{3}$$

162. $3624^{kg},1453654$

Solution.

$126^{mc},c276842$ d'eau de mer pèsent $126276^{k},842 \times 1,025 = 129433^{k},76305$.

Donc, sel $= 1294^{kg},3376305 \times 2, 8 = 3624^{kg},145$.

DROITS PRÉLEVÉS. — INTÉRÊTS. — ESCOMPTE. — FONDS PUBLICS.

163. 83300000^{f}.

Solution. $\qquad \dfrac{1666000^{f} \times 100}{2} = 83300000^{f}$.

164. $4^{f},06$ en moyenne.

165. 38094665^f.

166. 6569750^f.

167. 53241500^k.

168. 1^f,71.

Solution.

La nourriture annuelle d'une poule coûte

$$0^f,15\times0,2\times365 = 10^f,95,$$

et les 243 œufs qu'elle pond, par an, valent

$$\frac{0^f,55\times243}{12} = 11^f,1375.$$

Le bénéfice pour 10^f,95 est donc de 0^f,1875, et pour 100^f ce bénéfice sera, par conséquent, de

$$\frac{0^f,1875\times100}{10,95} = 1^f,71.$$

169. 10^f.

Solution.

Ce qui se vend   10^f a coûté 9^f
Ce qui se vendra 100 aura coûté 9^f×10 = 90.
Donc   10 de bénéfice.

170.   Nord. . . . .   31306254^f,457
     Est. . . . .   26479356 ,424
     Ouest. . . . .   22388654 ,193
     Orléans. . . . .   35772607 ,162
     Paris-Méditerranée. .   46267896 ,698
     Midi . . . .   4902453 ,498

171 *. 3493350^f.

Solution. La nourriture, en 3 mois, des 1109 familles s'élève à

$$0^f,20\times7\times1109\times90 = 139734^f.$$

* *Nota.* Dans l'énoncé, au lieu de : l'intérêt à 4 p. 100, pendant 3 mois, suffirait à payer le pain, etc., lisez : l'intérêt à 4 p. 100, pendant un an, suffirait à payer, pendant 3 mois, le pain, etc.

Or, comme cette somme n'est que les 0,04 du capital, ce capital, c'est-à-dire le prix de vente, est donc égal à

$$\frac{139734^f \times 100}{4} = 3493350^f.$$

172. $232^f,107$.

Solution. 2568^{kg} de grains à $23^f,50$ les 78^{kg} valent

$$\frac{23^f,50 \times 2568}{78} = 773^f,692, \text{ dont les } 0,30 \text{ égalent } 232^f,107.$$

173. $6^f,39$.

Solution. Le foin des 19 hectares vaut

$$\frac{14896 \times 19 \times 5^f,15}{100} = 14575^f,736.$$

Donc, sur 13700^f, il y a $14575^f,736 - 13700$ ou $875^f,736$ de bénéfice.

Par suite, 100^f rapportent

$$\frac{875^f,736}{137} = 6^f,39.$$

174. $23^f,71$.

Solution.   Dépense $10^f + 1^f + 36^f + 30^f + 20^f = 97^f$

Produit de la vente. 120

Donc, sur 97^f de mise . . . . 23 de bénéfice.

Et sur 100^f, ... $\dfrac{23 \times 100}{97} = 23^f,71.$

175. $167621^f,48$.

Solution.

Le capital qui rapporte $2586,16$, en 8 mois, est égal à

$$\frac{100 \times 2586,16 \times 12}{4,05 \times 8}.$$

Donc, la valeur du papier est

$$\frac{100 \times 2586,16 \times 12 \times 7}{4,05 \times 8 \times 4} = 167621^f,48.$$

176. 3429480 jeux de cartes.

Solution.

Le capital qui rapporte $22291^f,62$, en 15 mois, est égal à

$$\frac{100\times22291,62\times12}{5,20\times15}.$$

Donc, la somme rapportée à l'État, est

$$\frac{100\times22291,62\times12\times7}{5,20\times15\times2} = 1200318^f.$$

Par suite, le nombre de jeux de cartes fabriqués est de

$$\frac{1200318^f}{0^f,35} = 3429480.$$

177*. 7 mois $\frac{2}{3}$.

Solution.

La somme versée annuellement par les voyageurs est égale à 10 fois l'impôt, c'est-à-dire à 200246400[f].

Or, pour rapporter $\frac{20024640\times23}{72}$, cette somme mettra

$$\frac{12\times100\times20024640\times23}{200246400\times72\times5} = 7 \text{ mois} + \frac{2}{3}.$$

178. Le revenu du bois pendant 3 mois et celui des Champs-Élysées pendant 4 mois, ou, plus généralement, le temps du 1er est les $\frac{3}{4}$ de celui du dernier.

Solution.

Les intérêts réunis du bois et des Champs-Élysées pendant un an s'élèvent à 1645[f],875$\times$2 = 3291[f],75.

Or, 3291[f],75 étant la somme de 2 nombres dont la différence est 470[f],25, le plus grand sera

$$\frac{3291^f,75+470^f,25}{2} = 1881^f,$$

et le plus petit

$$\frac{3291^f,75-470^f,25}{2} = 1410^f,75.$$

Mais les temps de placement de deux capitaux sont en sens inverse de ces capitaux, et, par suite, de leurs intérêts en un an; donc les temps cherchés sont entre eux dans le rapport

$$\frac{1410,75}{1881} = \frac{3}{4}.$$

* *Nota.* L'intérêt est compté à 5 p. 100.

179. 19876^k par jour.

Solution.

100^f en 30 j., capital et intérêts compris, deviennent $100^f,4375$. Le capital qui, au bout du même temps, sera devenu $92827^f,752375$, sera donc égal à

$$\frac{100 \times 92827,752375}{100,4375} = 92423^f,4.$$

Si la vente des groseilles et des cerises a produit $92423^f,4$ dans le mois de juillet, par jour, le produit de cette vente était donc de

$$\frac{92423^f,4}{31} = 2981^f,40.$$

Par suite, le nombre de kilog. de groseilles et de cerises a été, par jour, de

$$\frac{2981^f,40}{0,15} = 19876 \text{ kilog.}$$

180. 3664576^f.

Solution.

100^f en 14^m deviennent, capital et intérêts compris, $105^f,5$. Le capital qui, au bout du même temps, est devenu $1933063^f,84$ est égal à

$$\frac{100 \times 1933063^f,84}{105,5} = 1832288^f,$$

donc la dépense totale est égale à

$$1832288^f \times 2 = 3664576^f.$$

181. 1° à $1,2765$. 2° à $1,1379$.

182. $62380^f,26$.

Solution. $\dfrac{92,40 \times 3038}{4,5} = 62380^f,26$

183. $68^f,25$.

184. Il est plus avantageux d'acheter des obligations 272^f50.

185. 1^f296.

186*. 1° 4804^f. — 2° $150^f,02$.

* *Nota.* Supposer que la double opération est faite en un même jour, auquel cas le droit de l'agent de change, qui est de $\frac{1}{8}$ p. 100 ne doit être

Solution.

Les 5238 fr. de rentes 3 p. 100 sont vendues. . . . . 148815^f,3

Droit de l'agent de change $\frac{1}{8}$ p. 100, 148^f,519; plus

le timbre 1^f,50, en tout. . . . . 150 ,019
Somme qui reste à l'agent de change. . . . . 148665 ,281
Avec cette somme il achète autant de coupures que
  98^f,75 est contenu dans 148665^f,281 ou 1201 cou-
  pures pour. . . . . 148598 ,75
Et il redoit à son client la différence. . . . . 66 ,531
Les 1201 coupures rapportent chacune 4 fr.; en-
  semble : 4^f×1201 = 4804 fr.

PARTAGES PROPORTIONNELS ET RÈGLES DE SOCIÉTÉ.

187. 1° 3357543+$\frac{1}{3}$ 2° 2686034+$\frac{2}{3}$

Solution.

2^k,25 de chocolat, contiennent 1 kilog. de cacao.

Et — 6043578^k — — $\dfrac{6043578^k}{2,25}$ —

188. 8^k,907 laque. 2^k,227 térébenthine. 0^k,185 baume.
6^k,681 vermillon.

Solution.

97^k de cire, contiennent 48^k de laque.

Et — 18 — — $\dfrac{48×18}{97}$ = 8^k,907 de laque.

189. 205^k,344 chaux. 44^k,16 silice. 22^k,08 alumine.
4^{k}416 oxyde de fer.

190. 1° 37^{kil},5; 2° 16^{kil},5.

prélevé qu'une fois, ainsi que le timbre, la double opération s'indiquant
sur un seul bordereau. Ce timbre est de 0^f,50, pour un capital de
10000 fr. et au-dessous, de 1^f,50 au-dessus de 10000 fr. — Si l'opération
se faisait en deux jours distincts, le rentier payerait le 2e prélèvement et
le 2e timbre.

191. 441^k,936 sable. 35^k,355 soude. 44^k,193 chaux. 26^k,516 charbon.

192. 1^k,335 par garçon. 0^k,908 par servante.

Solution.

425^f,1296 partagés proportionnellement aux nombres 25$\times$3 et 17$\times$2 donnent

292^k,52025 pour les 3 garçons par an.
Et 132 ,60918 — 2 servantes —

193. 1° 1019^k,04 de balle. 14699^k,652 paille. 3948^k,78 chaume. 2° 3189 pains de 2^k, plus 268^{gr} de pain.

Solution.

Les 5808^k,528 de grains qui entrent dans les 25476^k de plantes de froment fournissent

$$5808^k,528 \times 0,82 \text{ de farine} = 4762^k,99296.$$

Or, 100^k de farine donnent 154^k de pâte,

Donc 4762^k,99296 donneront $\dfrac{154^k \times 4762,99296}{100}$ de pâte.

115 kilog. de pâte donnent 100 kilog. de pain.

Donc $\dfrac{154^k \times 4762,99296}{100}$ donneront $\dfrac{154^k \times 4762,99296 \times 100}{100 \times 115}$

Ou $\dfrac{154^k \times 4762,99296}{115} = 6378^k,26883$ de pain.

194. 321^{hl} de froment et 126^{hl} de seigle.

Solution.

Si tous les kilo. étaient du froment, le prix serait $\dfrac{21^f \times 31482}{78,5}$ c'est-à-dire $\dfrac{21357}{78,5}$ de moins que le prix total. Mais en remplaçant 1 kilo. de froment par 1 kilo. de seigle, le prix augmentera de $\dfrac{1695}{37680}$; donc, autant de fois $\dfrac{1695}{37680}$ sera contenu dans $\dfrac{21357}{78,5}$, autant il y avait de kilo. de seigle dans les 31482 kilo. vendus

$$\dfrac{21357}{78,5} : \dfrac{1695}{37680} = 6048 \text{ kilo. ou } 324 \text{ hectol.}$$

195. $947^k,241$ sable, $315^k,747$ soude, $135^k,771$ chaux, $947^k,241$ groisil.

Solution. Pour 1 de carbonate de soude, il y a 3 de sable, 0,43 de chaux et 3 de groisil.

Le nombre 2346 kilo. doit donc être partagé proportionnellement aux nombres 3... 1... 0,43... et 3.

196. 215 kil. sable, $143^k\frac{1}{3}$ minium, $71^k\frac{2}{3}$ carbonate de potasse, 215 groisil.

197. $195^k,712$ sulfate, $52^k,264$ eau, $21^k,128$ carbonate, $8^k,896$ argile.

Solution. Le sulfate de chaux étant 176, l'eau sera les $\frac{47}{176}$ de ce nombre, ou 47; le carbonate de chaux, les $\frac{19}{47}$ de l'eau, ou 19; et l'argile les $\frac{8}{19}$ du carbonate, ou 8. Le problème revient donc à partager 278 kil. proportionnellement aux nombres 176, 47, 19 et 8.

198. 192 kil. sable, 128 kil. minium, 64 kil. carbonate de potasse.

Solution. Partager le nombre 384 kil. proportionnellement aux nombres 3, 2 et 1.

199. $57384^f,45$ maison..

1er héritier a reçu	$25320^f,70$
2e — —	$24114,96$
3e — —	$36172,44$

Solution.

Valeur du champ.. . . . $70815 \times 0^f,45 = 31880^f,25$

Valeur de la maison . . . $\dfrac{31880,25 \times 9}{5} = 57384,45$

Maison / Champ :

1er billet, après escompte.. . . . . . $37204,25$

2e — — . . . . . $18076,11$

3e — — . . . . . $19194,57$

4e — — . . . . . $11133,18$

Somme à partager entre les héritiers. . . $85608^f,10$

2.

Cette somme doit être partagée proportionnellement aux nombres $\frac{7}{15}$... $\frac{4}{9}$ et $\frac{2}{3}$ ou aux nombres 24, 20 et 30.

200. 48000 fr. au 1er, 42000 fr. au 2e, 9000 fr. au 3e.

Solution. Partager le bénéfice proportionnellement aux nombres 6, 4 et 3.

201. 5367f,695 au 1er, 4474f,352 au 2e, 3229f,779 au 3e et 3092f,342 au 4e.

Solution.

1° 4724h de froment vendus 20f,40 l'hectolitre, avec un bénéfice de 8 p. 100, donnent un bénéf. de $\dfrac{4724 \times 20^f40 \times 8}{100} = 7709^f,568$

2° 5324h d'avoine donnent un bénéfice de. . . . . . . 4525 ,40

3° 3572h d'orge   —   —   de. . . . . . . 3929 ,20

Bénéfice total à partager. 16164f,17

202. 412000 fr. mise du 1er, 96000 fr. du 2e, 68000 fr. du 3e.

203 *. 1° 21874f,86 (1er) 43619f,70 (2e) 12825f,44 (3e)
2° 98716 34   64462 67   57878 33
et 46302 66 (4e).

Solution. 1° Partagez 48320f proportionnellement aux nombres 4680, 4046 et 985.

2° Partagez 264360f proportionnellement aux nombres 4680, 4046, 985 et 788.

204. 32524f,17, 29659f,83, 24942f,27 et 16543f,73.

Solution. 1° Partagez les $\frac{3}{5}$ de 403640f proportionnellement aux nombres 1408 et 1284 ou mieux à 352 et 324.

2° Partagez les $\frac{2}{5}$ de 403640f proportionnellement aux produits 98600×69 et 75300×60.

* *Nota*. Il convient de supposer que les trois premiers associés, avant l'intervention du quatrième, retirent leurs bénéfices et laissent les mêmes mises qu'au commencement.

205. 25320^f,83. 16880^f,56. 13504^f,44, 10315^f,89 et 4501^f,48.

Solution. Après avoir prélevé les 15316^f,80 qui reviennent au contre-maître, il reste 70523^{f}20 à partager proportionnellement aux nombres proposés ou aux nombres entiers 135, 90, 72, 55 et 24.

206. 1° 270000 fr. 216000 fr. 189000 fr.

2° 294545^f,46. 235636^f,36. 206181^f,82 et 154636^f,36.

Solution. Bénéfice du $4^e = 141750^f$

$$\text{Le bénéfice du } 3^e = \frac{141750^f \times 4}{3} = 189000$$

$$2^e = \frac{189000 \times 8}{7} = 216000$$

$$1^{er} = \frac{216000 \times 5}{4} = 270000$$

La mise de chacun des associés s'obtiendra en prenant les $\frac{12}{11}$ de son bénéfice.

RÈGLES DE MÉLANGES ET D'ALLIAGES.

PROBLÈMES QUI S'Y RATTACHENT.

207. 3^f,78 le kilogramme.

Solution.

$$
\begin{array}{rcl}
4^f,20 \times 36 &=& 151^f,2 \\
3\ 95 \times 45 &=& 177\ 75 \\
3\ 60 \times 28 &=& 100\ 8 \\
3\ 45 \times 52 &=& 179\ 4 \\
\hline
161^k & & 609^f,15
\end{array}
$$

Les 161 kil. coûtent 609^f,15, donc 1 kil. coûte $\dfrac{609^f,15}{161} = 3^f78$

208. 1° 30^l,8 par pièce. 2° Son bénéfice total est 993^f,30.

Solution. 1° Si un litre de vin coûte 0^f,75, on aura, pour 0^f,15, $\frac{1}{5}$ de litre de ce vin, c'est-à-dire que le marchand, pour gagner 0^f,15 par litre, doit mettre $\frac{1}{5}$ d'eau. Donc, par pièce de 154^l, il mettra $\dfrac{154}{5} = 30^l8$.

2° Son bénéfice sera égal à $0^f,15 \times 154 \times 43 = 993^f,30$.

209 *. $0^f,225$ par litre.

Solution. Il gagnera par pièce le prix de vente des $46^l,2$ d'eau à $0^f,75$: et par litre 154 fois moins ou $0^f,225$.

210. $25^f,84$.

211. 1° Le prix de l'un a diminué de 0^f464 et celui du kilo. à $8^f,85$ a augmenté de $0^f,736$.
2° L'augmentation du prix de l'un serait égale à la diminution du prix de l'autre.

212. $18^f,243$.

Solution. L'hectol. du mélange coûtant $19^f,0875$, les 160^{hl} mélangés coûteront $19^f,0875 \times 160$ ou 3054^f. Or le froment et le seigle coûtant ensemble 2379^f, le prix des 37^{hl} d'orge mélangée sera donc de $3054^f - 2379^f = 675^f$,

Donc 1^{hl} d'orge valait $\dfrac{675}{37} = 18^f,243$.

213. $1304^k,10$ de fer.

Solution. 1er minerai $0^k,85 \times 468 = 397^k,8$;
De même pour les autres.

214 **. $0,87825$.

Solution. Le $\dfrac{1}{4}$ de la somme des 4 titres.

215. 425 kil.

Solution. Les 678 kil. de minerai contenant 48 pour 100 produisent $0^k,48 \times 678 = 325^k,44$ d'or pur.

Pour faire $618^k,690$ d'or pur, il ne manquera donc plus que $618^k,690 - 325^k,44 = 293^k25$.

Or, si le minerai trouvé a un rendement de 69 pour 100, il faudra évidemment autant de fois 100 kil. de ce minerai qu'il y a de fois 69 dans $293^k,25$. Donc le nombre demandé est égal à

* *Nota.* Dans l'énoncé, lisez $46^l,2$ au lieu du 30 litres.
** *Nota.* Ajoutez, dans l'énoncé, que les 4 lingots ont même poids.

$$\frac{293,25 \times 100}{69} = 425 \text{ kil.}$$

216. $81^k,6$ à 4 fr. et $54^k,4$ à 3 fr.

Solution. 1re méthode. En mettant 1 kil. à 4 fr., on perd $0^f,40$. D'un autre côté, pour chaque kilogr. à 3 fr. qui entre dans le mélange, on gagne $0^f,60$

$$1 \text{ kil. à } 4 \text{ fr. perte } 0^f,40,$$
$$1 \quad \text{ à } 3 \quad \text{ bénéf. } 0^f,60.$$

Or, en mettant 6 kil. à 4 fr. et 4 kil. à 3 fr., le bénéfice sera égal à $0^f,40 \times 6$ et la perte sera $0^f,60 \times 4$. C'est-à-dire que le bénéfice et la perte se compenseront. Donc les 136 kil. de mélange doivent être partagés proportionnellement aux nombres 6 et 4 ou 3 et 2.

2e méthode. Les 136 kil. doivent valoir $3^f,60 \times 136 = 489^f,60$.

Or, si l'on mettait 136 kil. à 4 fr., le prix serait égal à $4^f \times 136 = 544$ fr.: il surpasserait donc le prix demandé de 544 fr. $- 489^f,60 = 54^f,40$.

Mais en remplaçant 1 kil. à 4 fr. par 1 kil. à 3 fr., le prix diminue de 1 fr.; donc, pour que l'excédant, $54^f,40$, soit compensé, il devra entrer dans le mélange 54^k40 à 3 fr., c'est-à-dire autant qu'il y a de fois 1 fr. dans $54^f,40$.

217. Dans le rapport de 5 à 6.

Solution. Pour que le bénéfice et la perte se compensent, les quantités de vins mélangés doivent être proportionnelles aux nombres 0,25 et 0,30 ou mieux à 5 et 6, car la perte $0^f,30 \times 5$ et le bénéfice $0^f,25 \times 6$ seront égaux.

218. $27^k,029$ à $10^f,20$ et $58^f,971$ à $8^f,45$.

Solution. Partager 86 kil. proportionnellement aux nombres 11 et 24.

219. Le problème étant ainsi énoncé, il importe de savoir reconnaître qu'il est ce qu'on appelle *indéterminé*, c'est-à-dire qu'en supposant connue l'une des quantités cherchées, on pourra trouver une valeur pour l'autre, et que par suite il y aura autant de solutions qu'on voudra.

Dans le cas actuel, soit supposé 20 fr. le prix de la 2e qualité, on trouvera pour celui de la première 25^f 29 (par la même méthode qu'au problème 212). — Si 23ᶠ,18 était supposé le prix de la 1ʳᵉ qualité, on trouverait pour celui de la 2ᵉ, 24ᶠ,82.

220. 198ʰˡ à 24ᶠ,15.

Solution. Le mélange doit être dans le rapport de 0,85 (1ʳᵉ qual.) à 3,30 (2ᵉ qual.) ou plus simplement de 17 à 66.

Donc, s'il entre dans le mélange 51ʰ de la 1ʳᵉ qualité, il entrera

$$\frac{66\times51}{17} = 198^{hl}$$ de la 2ᵉ qualité.

221. 1 litre d'eau pour 5 litres de vin.

Solution. Le marchand doit abaisser le prix de son vin de 0ᶠ,20. Or, 0ᶠ20 étant $\frac{1}{6}$ de 1ᶠ20, il devra donc mettre $\frac{1}{6}$ d'eau ou 1 litre pour 5 litres de vin.

222. 248ᵍʳ à 0,890 et 434ᵍʳ à 0,780.

Solution. Pour 1ᵍʳ à 0,890 on a une perte de 0ᵍʳ,070
Et — à 0,780 — un gain de 0 ,040
Le nombre 682 doit donc être partagé proportionnellement à 4 et à 7.

223. Dans le rapport de 7 à 9.

Solution. Pour 1ᵍʳ à 0,820 perte de 0ᵍʳ,072
 — 1 à 0,692 gain 0 ,056
Les poids doivent donc être proportionnels aux nombres 56 et 72, ou plus simplement à 7 et à 9.

224. 760ᵍʳ,5 au titre de 0,790.

Solution. Les nombres de grammes des 2 lingots doivent être proportionnels aux nombres 13 et 2. Donc, s'il entre dans l'alliage 117 grammes du second lingot, il entrera

$$\frac{13\times117}{2} = \frac{1521}{2} = 760^{gr},5 \text{ du second.}$$

225. Problème indéterminé, comme celui du n° 219. En se donnant le titre de l'un des minerais on peut ensuite déterminer l'autre. Si l'on suppose par exemple que le titre du 1ᵉʳ minerai soit 0,5, c'est-à-dire qu'il contienne 0,5 de cuivre par, le titre du second sera 0,454455. — Si l'on suppose pour le 2e titre 0,2435, on trouve pour le 1er 0,6725.

226. 469^k,655 du minerai contenant 58 pour 100.

Solution. 624 kil. de minerai contenant 65 pour 100 renferment 0,65×624 = 405^k,60 de plomb. Pour avoir 678 kil. de plomb, il ne manquera donc plus que 678 kil.—405,60 ou 272^k,40

Or, si 1 kilo du premier minerai contient 0^k,58 de plomb, autant de fois 0^{k}58 sera contenu dans 272^k,40, autant il faudra de kilog. de ce minerai pour compléter les 678 kil. de plomb demandés.

$$\frac{272,40}{0,58} = 469^k,655.$$

227 *. 27 voyageurs (1re classe). 40 voyageurs (2e classe).

Solution. 67 voyageurs de 1re classe auraient payé 15^f×20×67 = 1018^f,4, c'est-à-dire 124^f de plus que la somme reçue 894^f,40. Mais entre les prix d'une place de 1re classe et de 2e classe, il y a 3^f,10 de différence, donc autant de fois cette différence sera contenue dans 124 fr., autant il y avait de voyageurs de 2e classe.

$$\frac{124}{3,10} = 40 \text{ voyageurs de 2e classe.}$$

228. 45 dîners à 2^f,50 et 60 dîners à 2 fr.

Solution. 105 dîners à 2^f,50 font 262^f,50, par conséquent, 30 fr. de plus qu'on a reçu. Mais un dîner à 2 fr. à la place d'un dîner à 2^f,50 fait diminuer la recette de 0^f,50. Donc, pour compenser l'excédant, il y a eu autant de dîners à 2 fr. qu'il y a de fois 0^f,50 dans 30 fr. $\dfrac{30}{0,50} = 60$.

229. 215 jours de travail et 150 jours de chômage.

Solution. 365 jours de travail à 8 fr. par jour rapporteraient 2920 fr., par conséquent 1950 de plus que 970 fr., le gain annuel de cet ouvrier. Mais pour chaque jour de chômage il y a 8+5=13^f

---

* *Nota*. Dans l'énoncé, au lieu de 994 fr., lisez 894 fr.

de perte pour l'ouvrier. Donc il y a eu autant de journées de chômage que 13 fr. est contenu de fois dans 1950 fr.

$$\frac{1950}{13} = 150 \text{ jours de chômage.}$$

230. 15 bonnes semaines et 8 mauvaises.

Solution. 23 bonnes semaines auraient rapporté au fils 23 fois 5 fr. ou 115 fr. Tandis qu'il n'a eu que 27 fr., c'est-à-dire 88 fr. de moins. Cette différence provient des mauvaises semaines. Or, pour chaque mauvaise semaine, le fils perd les 6 fr. qu'il donne à son père, plus les 5 fr. qu'il reçoit par bonne semaine. Donc autant de fois cette perte, $6^f + 5^f = 11$ fr. sera contenue dans 88 fr., autant il y avait de mauvaises semaines : $\frac{88}{11} = 8$ mauvaises.

231. 17130 fr. à $5^f,20$ pour 100 et 46290 fr. à $4^f,75$ pour 100.

Solution. 63420^f placés à $5^f,20$ rapportent en 8 mois 2198^f56, c'est-à-dire $138^f,87$ de plus que l'intérêt énoncé $2059^f,69$. Mais 100 fr. à $4^f,75$ en 8 mois donnent $0^f,30$ de moins que 100 fr. à $5^f,20$ pendant le même temps. Donc il y avait autant de fois 100 fr. à $4^f,75$ que $0^f,30$ est contenu de fois dans $138^f,87$.

$$\frac{138,87}{0,30} = 46290 \text{ fr. à } 4^f,75 \text{ pour } 100.$$

232 *. 13 hectares 28 ares 40 centiares.

Solution. 57 journées à $4^f,20$ coûteraient $239^f,4$ c'est-à-dire $11^f,07$ de plus que n'a coûté le fauchage du pré. Or, comme entre le prix d'une journée à 4^f20 et d'une journée à $3^f,75$, il y a $0^f,45$ de différence, pour compenser l'excédant $11^f,07$, il a donc fallu autant de journées à $3^f,75$ que $11^f,07$ contient de fois $0^f,45$, ou 24 j. 6. Par conséquent il y a eu 32 j., 4 à $4^f,20$. Comme par chaque journée à $3^f,75$ le faucheur abat 54 ares de foin, le pré a donc une étendue de 24,6 fois 54 ares ou 13 hect. 28 ares 40 centiares.

* *Nota.* Dans l'énoncé, lisez : à la 2e comme à la 3e coupe, il abat le foin de 44 ares et gagne $4^f,20$ par jour.

PROBLÈMES VARIÉS.

233. 177^f,69.

Solution. Ouverture de tranchées, pose de tuyaux et comblement à 0^f,17 le mètre, 0^{f}17$\times$750,8 $=$ 127^f,636.

Or, comme 300^m de tuyaux coûtent 20 fr., 750^m,80 coûteront $\dfrac{20^f\times750,8}{300} = 50^f,05$.

Donc la dépense totale sera égale à 127^f,636$+$50^f,05 $=$ 177^f,69.

234. 19958250^k de farine.

Solution. Chaque soldat recevant par jour 750^{gr}$+$250^{gr} ou 1000^{gr} (1^k) de pain, 342650 soldats recevront en 78 jours 342650^k$\times$78 $=$ 26726700^k de pain.

Or, 145^k de pâte produisent 100^k de pain, donc pour faire 26726700^k de pain, il a fallu $\dfrac{26726700\times145}{100}$ de pâte.

Comme dans 154^k de pâte, il n'y a que 100^k de farine, dans $\dfrac{26726700\times145}{100}$ de pâte, il y a donc $\dfrac{26726700\times145\times100}{100\times154} =$ 19958250^k de farine.

235. 1 hectolitre $+ \dfrac{2}{7}$.

Solution. Dans un hectare on a semé $\dfrac{7800000}{7}$ grains. Comme 100 grains de blé pèsent 9 gram., $\dfrac{7800000}{7}$ pèseront $\dfrac{7800000\times9}{7\times100}$.

Donc autant de fois le poids d'un hectolitre, 78^k, sera contenu dans $\dfrac{7800000\times9}{7\times100}$, autant on a semé d'hectolitres par hectare.

$$\dfrac{7800000\times9}{7\times100\times78000} = \dfrac{9}{7} = 1 \text{ hectol.} + \dfrac{2}{7}.$$

236. 9^f,73.

Solution. 70^k d'engrais valent 1^f,80; 378^{k}46 vaudront $\dfrac{1,80\times378,46}{70} = 9^f73$.

237. 409,50.

Solution. 100ᵏ de carottes (1 quintal) valent 2ʳ,25 ; 182 quintaux vaudront 2ʳ25×182 = 409ʳ,50.

238. 0ʳ,72.

Solution. 78ᵏ de froment valent 48ʳ, 3ᵏ,12 de froment (100ᵏ de navets) vaudront $\dfrac{48^r \times 3,12}{78}$.

239. 2192ᵏ,4 de fer.

Solution. Dans 100ᵏ de minerai, il y a 45ᵏ de fer.

Dans 4872ᵏ, il y aura donc $\dfrac{45 \times 4872}{100} = 2192^k,4$.

240. 1ʳ,48 par m. cube de terrassements.

Solution. La dépense pour 68ᵏ étant 3794329ʳ,28, la dépense pour 1ᵏ et par conséquent pour 37702 m. c. de terrassement sera de $\dfrac{3794329^r,28}{68}$.

Donc pour 1 m. cube de terrassement, la dépense a été de $\dfrac{3794329,28}{68 \times 37702} = 1^r,48$.

241. 3045 j.,16 pour les 115 kilom. de terrassement.

Solution. 36 brouettes transportent par jour 0,04×36×275 ou 396ᵐᶜ,
12 tombereaux à 1 cheval — 239 ,76
et 9 — à 2 chevaux — 388 ,8

Total. . . . . 1024ᵐᶜ,56 par jour.

Donc autant de fois 27130ᵐᶜ×115 contiendra 1024ᵐᶜ,56, autant il faudra de jours.

$$\dfrac{27130 \times 115}{1024,56} = 3045j,16 \text{ pour tous les kilomètres.}$$

242. 29037ᵏ,12.

Solution. Puisque ce qui pesait 100ᵏ avant le blanchiment n'en pèse que 84 après, ce qui pesait 34568ᵏ avant le blanchiment pèsera après autant de fois 84ᵏ qu'il y a de fois 100 dans 34568.

243. 51 journées à chaque ouvrier.

Solution. 810000^k contiennent 16200 charges de 50^k; chacune d'elles étant transportée à 68^m, il y aura à parcourir, aller et retour, 68$^m \times 2 \times 16200$.

2400^m étant parcourus en 1 heure par un rouleur, il lui faudra autant d'heures que le nombre de mètres à parcourir contient de fois 2400^m ou $\dfrac{68 \times 2 \times 16200}{2400}$ heures.

La journée étant de 9 heures, il lui faudra 9 fois moins de journées que d'heures ou $\dfrac{68 \times 2 \times 16200}{2400 \times 9}$; à 2 rouleurs il faudra 2 fois moins de temps ou $\dfrac{68 \times 16200}{2400 \times 9} = 51$ journées.

244 *. 1° 0^l,189; 2° 0^l,064; 3° 0^l,0588; 4° 0^l,03.

245 **. 5^k,76.

Solution. Pour 87^k de colophane on a 12^k d'essence.

Pour 1^k de colophane on aura $\dfrac{12^k}{87}$ d'essence et pour 41^k,76 d'essence $\dfrac{12^k \times 41,76}{87} = 5^k,76$.

246 ***. 1^{h}8^{m}57^s.

Solution. Les 15 personnes, les 8 bougies et les 2 lampes absorbent en 1 heure 20^{mc},108 d'air.

Or, comme 1^{mc} d'air contient 210 litres d'oxygène, 20^{mc},108 d'air contiennent 210$^l \times 20,108 = 4222^l,68$ d'oxygène. La quantité d'oxygène diminuant en 1 heure de 4222^l,68, diminuera de 630^l,804 en $\dfrac{630,804}{4222,68} = 0^h8^m57^s$.

247 ****. 2^m,2399 de la lampe et 0^m,8381 de la bougie.

* *Nota.* Ajoutez à l'énoncé que 1^{mc} de gaz pèse environ 800 gr.

** *Nota.* Dans l'énoncé au lieu de 87, lisez : 87 kilog.

*** *Nota.* Dans l'énoncé, au lieu de 21^l d'oxygène, lisez : 210^l.

**** *Nota.* On sait que les quantités de lumière sont en raison inverse des carrés des distances. La solution algébrique du problème ferait voir qu'il y a un second point également éclairé situé au-delà de la lampe.

Solution. Soient x et y les distances du point cherché à la lampe et à la bougie. A la distance 1, la lampe donne une lumière représentée par 50 ; à une distance 2, 3..., x, elle donne une lumière représentée par $\dfrac{50}{4}$, $\dfrac{50}{9}$,.... $\dfrac{50}{x^2}$, de même à la distance y, la bougie donne une lumière représentée par $\dfrac{7}{y^2}$. Les deux quantités de lumière aux distances x et y doivent être égales; donc $\dfrac{50}{x^2} = \dfrac{7}{y^2}$, d'où $\dfrac{\sqrt{50}}{x} = \dfrac{\sqrt{7}}{y}$. On partagera donc la distance 3ᵐ078 proportionnellement aux nombres $\sqrt{50} = 7{,}07106$ et $\sqrt{7} = 2{,}64575$.

248. 13 jours.

249. 0ᶠ,111.

Solution. 100 kil. de houille. 2,50

Produits $\begin{cases} \text{55 kil. de coke à 3 fr. les 100 kil. . . } & 1ᶠ{,}65 \\ 6ᵏ{,}73 \text{ de goudron à 5 fr. } \quad — \text{ . . . } & 0ᶠ{,}3365 \\ 7ˡ{,}31 \text{ d'eaux ammon. à 0,50 les 100 l. } & 0ᶠ{,}03655 \end{cases}$

Total des produits: . . . 2ᶠ,02305

Frais d'administration pour 22ᵐᶜ5. . . . . 2ᶠ,025

Total des dépenses. 4ᶠ,525

En défalquant le total des produits. . . . 2ᶠ,023

Il reste pour le prix des 22ᵐᶜ,5 de gaz. . . 2ᶠ,502

Donc, 1 m. c. de gaz revient à $\dfrac{2ᶠ{,}502}{22{,}5} = 0{,}111$.

250. 117ˡ,8496.

Solution. Poids du papier des enveloppes 0,04 du poids total, ou

$$124ˡ \times 0{,}04 = 4ˡ{,}96.$$

Il n'y a donc que 124ˡ—4ˡ,96 de chandelles ou 119ˡ,04, dont le $\dfrac{1}{100}$ est 1ˡ,1904.

Le poids du suif n'est donc que 119ˡ,04—1ˡ,1904 = 117ˡ,8496.

251. 180^{kg},952.

Solution. 100 kil. de suif en branche donnent 84 kil. de suif. Donc, pour avoir 152 kil. de suif, il faudra autant de fois 100 kil. de suif en branche que 84 est contenu de fois dans 152.

252. 375 kil. de fer, 3750 kil. d'eau et 625 kil. d'acide sulfurique.

Solution. Pour introduire 500 mètres cubes de gaz, il faut 1500 kilog. de ferraille, 15000 kilog. d'eau et 2500 kilog. d'acide.

Pour introduire 1 mètre cube ou 100 grammes il faudra 500 fois moins de chaque substance, et pour obtenir 12500 grammes de gaz, il en faudra 125 fois plus; il faudra donc les $\dfrac{125}{500}$ ou $\dfrac{1}{4}$ de chaque substance, soit $\dfrac{1500^k}{4}$ de fer, etc.

253. 5 fr. de frais de cueillette pour 100 kil. de groseilles.

Solution. 1 touffe de groseillier rapporte 20 kil. de groseilles; 250 touffes rapporteront 20^k×250 = 5000 kil. de groseilles.

Si 100 kil. de groseilles valent 30 fr.

5000 —— vaudront 30^f×50 = 1500 fr.

Or, le rapport net de l'hectare étant de 1250 fr., les frais s'élèvent donc à

1500 fr. — 1250 fr. = 250 fr.

250 fr. de frais de cueillette pour 5000 kil. de groseilles donnent évidemment

$$\dfrac{250^f}{50}\ \text{pour } 100\ \text{kil.}$$

254. 12180 f.

Solution. 15 h. l. par hectare donnent 15^{hl}×26 ou 390 hectolitres pour 26 hectares.

Comme 1 hectolitre pèse 84 k. g.

390 h. l. pèseront 84^{kg}×390 = 32760 k. g.

Or si 78 k. g. de blé valent 20 f.

145 —— ou 100 k. g. de lentilles vaudront

$$\frac{20^f \times 145}{78}$$, et, par conséquent 32760 k. g. de lentilles vaudront

$$\frac{20^f \times 145 \times 32760}{78 \times 100} = 42180 \text{ f.}$$

255. 106,107.

Solution. Pour avoir 28 k. g. d'huile, il faut 100 k. g. de graines, donc pour avoir 100 k. g. d'huile, il faudra

$$\frac{100^{kg} \times 100}{28}$$

Or, puisque 69 k. de graines coûtent 20^f,50, $\dfrac{100^{kg} \times 100}{28}$ coûte-

ront $\dfrac{20^f,50 \times 100 \times 100}{28 \times 69} = 106^f,107.$

256. 436^{kg},154.

Solution. 100 k. g. de graines de colza rendent 30 k. g. d'huile

$$378 \quad - \quad \text{rendront } \frac{30^k \times 378}{400}.$$

Or, puisque pour avoir 26 k. g. d'huile de navette, il faut 100 k.

de graines, pour avoir $\dfrac{30^k \times 378}{400}$ d'huile de navette, il faudra

$$\frac{100 \times 30 \times 378}{26 \times 400} = 436^{kg},154.$$

257. 184000000 k. g.

Solution. 61333333 k. g. $+ \dfrac{1}{3}$, étant le tiers des tissus de co-

ton exportés, l'exportation totale est égale à $\left(61333333 + \dfrac{1}{3}\right)$ $\times 3$, c'est-à-dire à 184000000 k. g.

258. 1° 225^{kg},252 de charbon ; 48^{kg},627 d'hydrogène ; 2° Dépenses, bois 11^f,73 ; charbon 6^f,76 ; gaz 29^f,18.

Solution. Puisque 1 k. g. de houille chauffe 75 k. g. d'eau de 0° à 100° tandis que 1 k. g. de bois n'en chauffe que 36 k. g., $\dfrac{36^k}{75}$ de houille équivalent à 1 k. g. de bois. — De même $\dfrac{36^k}{347,42}$ de gaz ont autant de puissance calorifique que 1 k. de bois.

Donc, pour produire autant de chaleur que $469^{kg},275$ de bois, il faudra

$$\frac{469,275 \times 36}{75} \text{ de houille} = 225^{kg},252$$

et

$$\frac{469,275 \times 36}{347,42} \text{ de gaz} = 48^{kg},627.$$

D'un autre côté, les 100 k. g. de bois étant estimés $2^f,50^c$, $469^{kg},275$ de ce combustible vaudront

$$\frac{2^f,50 \times 469,275}{100} = 11^f,73.$$

De même $225^{kg},252$ de houille à 3 f. les 100 k. g. vaudront

$$\frac{3^f \times 225,252}{100} = 6^f,75756$$

et $48^{kg},628$ de gaz à $0^f,30$ les 500 grammes vaudront

$$\frac{0^f30 \times 48627}{500} = 29^f,18.$$

259. Les nombres de kilogrammes de bois, de charbon et de gaz seront entre eux comme 434275, 208452 et 45000.

260 *. Oui : 100 k. de peinture au blanc de zinc valent $97^f,50$ et 130 k. g. de peinture à la céruse valent 114 f.

Solution.

130^{kg} de peinture à la céruse coûtent $72^f + \dfrac{140^f \times 30}{100} = 114$ f.

et 160^{kg} — au bl. de zinc coûtent $72^f + \dfrac{140^f \times 60}{100} = 156$ f.

donc 100^{kg} — au blanc de zinc valent $\dfrac{156^f \times 100}{160} = 97^f5$.

261. $2675^f,38$.

Solution. Pour $1^f,30$ on a 1 k. g. de graines, pour 100 f. on aura

$$\frac{100}{1,30} = 76^{kg},923.$$

Or, si 75 k. g. de graines donnent 5412 k. g. de racines

$76^{kg},923$ en produiront $\dfrac{5412 \times 76,923}{75}$

* *Nota.* Dans l'énoncé, au lieu de 80 fr. d'huile, lisez : 60 kil. d'huile.

et comme 1 k. g. de racine vaut 0^r,50

$$\frac{5412\times76,923}{75} \text{ de r. vaudront } \frac{5412\times76,923\times0.50}{75} = 2775^r,38.$$

En retranchant 100 f. de 2775^f,38, on a donc pour le bénéfice brut 2675^f,38.

262. 712^f,8.

Solution. Le prix des cotons napolitains étant les $\frac{6}{11}$ de celui des cotons de la Guyane, lorsque

1 k. g. de coton napolitain vaudra 1^f,20

$$1 \quad - \quad \text{de la Guyane vaudra } \frac{1^f,20\times11}{6} = 2^f,20.$$

Par conséquent 324 k. — vaudront 2^f,20$\times$324 = 712^f,8.

263. 6115^{kg},384.

Solution. Si pour 130 f. on a 100 k. g. de filasse

$$\text{Pour 1272 f. on aura } \frac{100^{kg}\times1272}{130}.$$

Et comme le poids de la filasse est les $\frac{4}{25}$ de celui des tiges, $\frac{100\times1272}{130}$ exprime donc les $\frac{4}{25}$ du poids cherché. Donc le poids cherché est égal

$$\text{à} \quad \frac{100\times1272\times25}{130\times4} = 6115^{kg},384.$$

264. Coton 2 k. g.; chanvre 2 k. g.; lin 1 k. g.

Solution. D'après l'énoncé, 180146820 k. g. représentent 5 fois la consommation totale de lin. — Donc cette consommation est égale à $\frac{180146820^{kg}}{5} = 36029364$ k. g.

Par suite celles de coton et de chanvre sont chacune du double, c'est-à-dire de 72058728 k. g.

En divisant chacun de ces nombres par la population de la France, on a les résultats demandés.

265. 1° 259312581^f,48; 2° 770929296,30.

Solution. Le prix du coton filé et de la main-d'œuvre, en Angleterre, s'élèvent ensemble à 2^f,30+0,70 = 3^r.

Donc, il y a dans ce pays annuellement

$$\frac{1135368600}{3} = 378456200 \text{ k. g. de coton manufacturé.}$$

Par conséquent, en France, il y en a

$$\frac{378456200^{kg}}{5,4} = 70084481^{kg},4815.$$

Dont la valeur en filé est de

$$3^f,70 \times 70084481,4815 = 259312581^f 48$$

et le prix de la main-d'œuvre à $5^f,50 \times 2$ par kil. est

$$5^f,50 \times 2 \times 70084481,4815 = 770929296,30.$$

266. 1° 4536 bouteilles ; 2° 10 f. le cent.

Solution. S'il les avait achetées 11 f. le cent, il aurait déboursé $453^f,60 + 45^f,36 = 498^f,96$.

Donc le marchand a acheté autant de fois 100 bouteilles que 11 f. est contenu de fois dans $498^f,96$, c'est-à-dire 4536 bouteilles. Comme ces 4536 bouteilles lui ont coûté $453^f,60$, le cent lui a donc coûté $\dfrac{45360^f}{4536} = 10$ f.

267. 4000 hectares.

Solution. $\dfrac{1}{4}$ de 40000 m. c. est de 10000 m. c.

Or, si 1 hectare de futaie ne produit que $2^{mc},5$ de bois équarri, pour en produire 10000 m. c. il faudra $\dfrac{10000}{2,5} = 4000$ hectares.

<table>
<tr><td rowspan="4">**268.** Bâtiments à voiles</td><td>Vaisseaux de 120 canons. . .</td><td>40</td></tr>
<tr><td>Frégates de 60   —</td><td>50</td></tr>
<tr><td>Corvettes de 30   —</td><td>40</td></tr>
<tr><td>Bâtiments inférieurs . . . . .</td><td>100</td></tr>
<tr><td rowspan="2">—   à vapeur</td><td>Frégates. . . . .</td><td>10</td></tr>
<tr><td>Corvettes. . . . .</td><td>90</td></tr>
</table>

Solution. En répartissant 644080 mètres cubes proportionnellement aux nombres

3066, 1720, 668, 750, 344 et 1503,

on obtient les résultats suivants :

3,

à voiles
$$\frac{644080}{8051} \times 3066 = 245280 \text{ m. c. pour les vaisseaux de 120 canons.}$$
$$\frac{644080}{8051} \times 1720 = 137600 \quad - \quad \text{frégates de 60} \quad -$$
$$\frac{644080}{8051} \times 668 = 53440 \quad - \quad \text{corvettes de 30} \quad -$$
$$\frac{644080}{8051} \times 750 = 60000 \quad - \quad \text{bâtiments inférieurs.}$$

à vapeur
$$\frac{644080}{8051} \times 344 = 27520 \quad - \quad \text{frégates.}$$
$$\frac{644080}{8051} \times 1503 = 120240 \quad - \quad \text{corvettes.}$$

En divisant ces résultats par les nombres de mètres cubes qui entrent dans chacun de ces divers types de bâtiments, on trouve :

à voiles
$$\frac{245280}{6132} = 40 \text{ vaisseaux de 120 canons.}$$
$$\frac{137600}{2752} = 50 \text{ frégates de 60} \quad -$$
$$\frac{53440}{1336} = 40 \text{ corvettes de 30} \quad -$$
$$\frac{60000}{600} = 100 \text{ bâtiments inférieurs.}$$

à vapeur
$$\frac{27520}{2752} = 10 \text{ frégates.}$$
$$\frac{120240}{1336} = 90 \text{ corvettes.}$$

269 *. 98 bœufs, 196 veaux et 588 moutons.

Solution. Si l'on avait payé 4 fr. pour les veaux, on aurait payé 5 fr. pour les bœufs et 6 fr. pour les moutons.

En partageant 3763^f,20 proportionnellement aux nombres 4, 5 et 6, on aura donc les sommes versées pour ces trois espèces de bestiaux.

La somme versée pour les veaux sera donc $\dfrac{3763^f,20}{15} \times 4 = 1003^f,52$

$$\quad - \quad - \quad \text{bœufs} \quad - \quad \frac{3763,20}{15} \times 5 = 1254,40$$

$$\text{et} \quad - \quad - \quad \text{moutons} \quad - \quad \frac{3763,20}{15} \times 6 = 1505,28$$

* *Nota.* Dans l'énoncé, au lieu de $\dfrac{5}{4}$, lisez $\dfrac{4}{5}$.

En divisant ces sommes par les prix de transport respectifs d'un veau, d'un bœuf et d'un mouton pour 128 km., c'est-à-dire par 5^f,12, par 12^f,80 et par 2^f,56, on trouve qu'il y avait

196 veaux, 98 bœufs et 588 moutons.

270. 53445.

Solution. Les $\frac{2}{3} + \frac{1}{5} + \frac{3}{7}$ de ce nombre $= 69224$ ou, en réduisant au même dénominateur et additionnant, les $\frac{136}{105}$ du nombre cherché $= 69224$. Donc, $\frac{1}{105} = \frac{69224}{136}$ et les $\frac{105}{105}$ ou le nombre $= \frac{69224 \times 105}{136} = 53445$.

271. 38 jours.

Solution. Un voyageur marchant

8 heures par jour a fait 935 km. en 25 jours,

s'il marchait 11 — il ferait 1954^{km},150 en $\dfrac{25 \times 8 \times 1954,150}{11 \times 935}$

c'est-à-dire 38 jours.

272. 8860000 hectares.

Solution. Les $\frac{3}{4} +$ les $\frac{3}{20}$ ou les $\frac{18}{20}$ de l'étendue $=886000$ hectares $=$ l'étendue totale. Donc, 886000$^{ha} = \frac{2}{20}$ ou $\frac{1}{10}$ de l'étendue.

Donc, elle est de 8860000 hectares.

273. 45640 fr. à 4^f,50 et 32684 à 4^f,75.

Solution. La somme entière placée à 4,50 produirait seulement 3524^f,58 de revenu annuel, c'est-à-dire 81,71 de moins que le revenu énoncé. Mais pour chaque 100 fr. placé à 4^f,75, le revenu annuel augmente de 0^f,25. Donc, il y avait autant de fois 100 fr. placé à 4^f,75 que 0^f,25 est contenu de fois dans 81^f,71 ou 326,84 fois 100 fr., ou enfin 32684 fr. Par suite, on trouve que 45640 fr. étaient placés à 4^f,50 p. 100. En vérifiant, on voit en effet que ces deux nombres satisfont aux conditions de l'énoncé.

274. Oxygène 53ᵏ,288, azote 178ᵏ,132.

Solution. En partageant 178ᵐᶜ,324, proportionnellement aux nombres 20,81 et 79,19, on obtient :

pour l'oxygène 37109ᵈᵐᶜ,2244 ; pour l'azote 141214ᵈᵐᶜ,7756. Si c'était de l'eau, ces volumes pèseraient 37109ᵏ,2244 l'un, et 141214ᵏ,7756 l'autre. Si c'était de l'air, 770 fois moins, ou

$$\frac{37109^k,2244}{770} \quad \text{et} \quad \frac{141214^k,7756}{770} ;$$

poids qui, multipliés par les densités respectives 1,1057 et 0,9713, donneront les poids de l'oxygène et de l'azote.

275 *. 3 fois plus de bois que de houille.

Solution. Le bois seul donne 846 unités calorifiques de moins.
     La houille seule — 2538 — de plus.
Donc les quantités de bois et de houille doivent être entre elles comme 2538 est à 846 ou comme 3 est à 1.

276 **. 36786 fr. à 4,60 p. 100 et 11754 fr. à 5,10 p. 100.

Solution. Les deux sommes qui en 4 mois rapportent ensemble 663ᶠ,87, rapporteraient en un an 3 fois plus ou 2291ᶠ,61.

On est ainsi ramené à chercher les deux parties de 48540 fr. qui, à 4,60 l'une, et 5,10 l'autre, produisent en un an 2291ᶠ,61 d'intérêt.

48540 fr. à 4,60 produisent en un an 2232ᶠ,84, c'est-à-dire 58ᶠ,77 de moins que ce que les deux sommes doivent produire. Mais 1 fr. à 5,10 produit 0ᶠ,005 de plus que 1 fr. à 4,60. Donc il y aura autant de francs à 5,10 que 0ᶠ,005 est contenu de fois dans 58,77 ou 11754 fr.

277. 126 kil. de coke et 268 kil. de houille.

Solution. 1 kil. de houille échauffe de 100° 75 kil. d'eau ou de 1° 75×100 = 7500 kilog. d'eau, et produit par conséquent 7500 calories ; de même 1 kilog. de coke produit 6000 calories ;

* *Nota.* On appelle unité de chaleur ou *calorie* la quantité de chaleur nécessaire pour échauffer de 1° un kilog. d'eau. Le pouvoir calorifique d'un combustible est le nombre des calories produites par la combustion de 1 kilog. de ce combustible.

** *Nota.* Dans l'énoncé, au lieu de trois mois, lisez : quatre mois.

de même encore pour échauffer de 60° 46000 kilog. d'eau, il faut produire $46100 \times 60 = 2766000$ calories.

394 kilog. de houille produiraient $7500 \times 394 = 2955000$ calories, ou 189000 de plus que ce qu'il faut produire. — 1 kilog. de houille remplacé par 1 kilog. de coke produit une diminution de $7500 - 6000 = 1500$ calories; donc une diminution de 189000 calories sera produite par $\frac{189000}{1500} = 126$ kilog. de coke.

278. 38400 f. à 5 p. 100 et 4200 f. à 4 p. 100.

Voir les solutions des problèmes **273** et **276.**

279. 4 f. le taux du premier et 5 f. le taux du second.

Solution. Le temps étant le même pour les deux billets, les escomptes de ces billets seront proportionnels aux produits des montants des billets par des nombres qui soient dans le rapport des taux, c'est-à-dire que ces escomptes seront proportionnels aux produits 32520×4 et 30354×5.

Or en divisant l'escompte total $939^f,50$ proportionnellement à ces deux produits, on trouve $433^f,60$ pour l'escompte du 1er et   — $505^f,90$ —   du 2me.

En cherchant ensuite à quel taux on doit placer chacun des deux billets proposés pour rapporter : le 1er $433^f,60$ et le 2me $505^f,90$ en 4 mois, on obtient

4 f. pour le taux d'escompte du 1er et 5 f.   —   —   du 2me.

280 *. 90 voyageurs de 1re classe et 290 de 2me classe.

Solution. 380 voyageurs de 1re classe auraient versé 4598 f.; $877^f,25$ de plus que la somme reçue. — Comme 1 voyageur de 2me classe verse $3^f,025$ de moins que 1 voyageur de 1re, il y avait donc autant de voyageurs de 2me classe qu'il y a de fois $3^f,025$ dans $877^f,25$, c'est-à-dire 290 voyageurs de 2me classe. Par un raisonnement analogue, en supposant tous les voyageurs de 2me classe, on trouve qu'il y avait 90 voyageurs de 1re classe.

281 **. 16 k. g. par cerisier et 278 cerisiers par hectare.

* *Nota.* Dans l'énoncé, au lieu de $2305^f,05$, lisez : $3720^f,75$.

** *Nota.* Dans l'énoncé, après $250^f,20$, ajoutez : et chaque cerisier rapporterait $3^f,30$.

Solution. D'après l'énoncé, 250^f,20 expriment les $\frac{3}{8}$ de la ré-

colte par hectare et 3^f,30 les $\frac{11}{8}$ de la récolte d'un cerisier. Donc

$$\text{la récolte d'un hectare vaut } \frac{250^f,20 \times 8}{3} = 667^f,20$$

$$\text{et celle d'un cerisier} \quad \frac{3^f,30 \times 8}{11} = 2^f,40.$$

Il y a donc par hectare $\frac{667,20}{2,40} = 278$ cerisiers.

Comme le kilogramme de cerises est estimé 0^f,15, chaque ceri-

sier produit $\frac{2^f,40}{0^f,15} = 16$ k. g.

282. 414 k. g. d'huile et 1794 k. g. d'olives par hectare.

Solution. D'après l'énoncé, 276 k. g. expriment les $\frac{2}{3}$ de la quan-

tité d'huile fournie par hectare.

Donc 1 hectare fournit $\frac{276^k \times 3}{2} = 414$ k. g. d'huile.

D'un autre côté, s'il faut 13 k. g. d'olives pour donner 3 k. g.

d'huile, pour rendre 414 k. g. d'huile il faudra $\frac{414 \times 13}{3} = 1794$

k. g. d'olives.

283. 12298 f. à 4,8 p. 100 et 17028 f. à 5,2 p. 100.

Solution. Au même taux, la première somme, pour rapporter

autant en 4 mois que la deuxième en 6, doit en être les $\frac{6}{4}$; si le

taux de la première devient les $\frac{520}{480}$ de celui de la deuxième, la

première somme pour produire autant devra être les $\frac{480}{520}$ de ce

qu'elle était ou les $\frac{480 \times 6}{520 \times 4} = \frac{18}{13}$ de la deuxième.

Il faudra donc partager 29326 proportionnellement à 18 et à 13.

284. 27000 traverses par kilomètre et 6^f,5 par traverse.

Solution. Entre 0^f,15 de plus par traverse et 0^f,10 de moins par

traverse, il y a une différence de 0^f,25 par traverse.

Donc 179550 f. — 172800 f. = 6750^f représente le prix de toutes les traverses à 0^f,25. — Par conséquent le nombre de traverses par kilomètre est de $\dfrac{6750 \text{ f.}}{0^f,25} = 27000$.

En payant 0^f,10 de moins par traverse, on a une diminution de 2700 f. Par conséquent le prix des 27000 traverses est de 172800^f+2700 f. ou de 175500 f. D'où le prix d'une traverse égale $\dfrac{175500}{27000} = 6^f,50$.

285. 1° 61970506^{hl},08 ; 2° 19623993^{hl},59 ; 3° 16525468^{hl},29 ; 4° 2065683^{hl},54.

Solution. Chaque habitant consomme 172 litres de céréales ; les 36029364 habitants consomment donc 172^l×36029364 = 61970506^{hl},08.

Or, les quantités de céréales absorbées : 1° par l'alimentation publique ; 2° par les animaux ; 3° par les semailles ; 4° par la fabrication des boissons étant proportionnelles aux nombres 60, 19 16 et 2, les quantités employées pour les animaux, pour les semailles, pour la fabrication des boissons, sont respectivement

les $\dfrac{19}{60}$, les $\dfrac{16}{60}$, les $\dfrac{2}{60}$ de la quantité 61970507^{hl},08 employée à l'alimentation publique.

$\dfrac{1}{60}$ de cette quantité = 1032841^{hl},768 ;

En multipliant ce quotient par les nombres respectifs 19, 16 et 2, on obtiendra les résultats demandés.

286. 13 journées sur des arbres bien taillés et 5 journées sur les autres.

Solution. A 7 fr. les 100 kilog. ; 337^f,05 est le prix de $\dfrac{337,05\times100}{7} = 4815$ kilog. En 18 journées, sur des arbres bien taillés, une ouvrière cueillerait 330^{kg}×18 = 5940 k. g. de feuilles c'est-à-dire 1125 kilog. de plus qu'elle n'en a cueilli.

Or la différence entre les quantités de feuilles cueillies par journée dans les 2 cas étant de 225^k, il y a donc eu autant de journées sur des arbres négligés qu'il y a de fois 225^k dans 1125^k, c'est-à-dire 5 journées.

287. 10 mois.

Solution. 51660 f. à 4 f. $\frac{2}{3}$ p. 100 rapportent

$$\frac{14\times 51660 \text{ f.}}{3\times 100\times 12} = 200^f,90 \text{ en 1 mois}$$

32543 f. à 5 f. $\frac{1}{7}$ p. 100 rapportent

$$\frac{36\times 32543}{7\times 100\times 12} = 139^f,47 \text{ en 1 mois}$$

enfin 28512 f. à 4 f. $\frac{8}{9}$ p. 100 rapportent

$$\frac{44\times 28512}{9\times 100\times 12} = 116^f,16 \text{ en 1 mois.}$$

Donc ces trois sommes ensemble rapportent 456^f,53 par mois.

Il leur faudra par conséquent autant de mois pour rapporter 4565^f,30 d'intérêt, que 456^f,53 est contenu de fois dans 4565^f,30 c'est-à-dire 10 mois.

288. Cacao 3938244 f. Chapeaux 2840320 f.

1 k. g. de cacao 0^f,645.

Solution. La somme totale est égale aux $\frac{7}{4}$ de la valeur de l'exportation du cacao moins 113363 f. Donc en ajoutant 113363 f. à la somme totale 6778564 f. on aura les $\frac{7}{4}$ de la valeur du cacao exporté.

Donc cacao exporté $= \dfrac{6891927\times 4}{7} = 3938244$ f.

Par suite, la valeur de l'exportation des chapeaux est de 2840320 f.

Comme le nombre de kilogrammes de cacao est de 6107274,880, 1 kilogramme vaut

$$\frac{3938244 \text{ f.}}{6107274,88} = 0^f,645.$$

289. Noix de galle 0^{kg},076; sulfate de fer 0^{kg},038; bois de campêche 0^{kg},0057; gomme 0^{kg},0437; eau 0^{kg},836.

Solution. Pour 1 litre d'encre, on emploiera 26,30 fois moins de chacune des substances énumérées que pour 26ˡ,3.

290. 1ʳᵉ fois 9 mois ; 2ᵐᵉ fois 6 mois. Capital 23518 f.

Solution. Le capital qui rapporte 740ᶠ,817+493ᶠ,878 ou 1234ᶠ,695 en 15 mois à 4,20 est 23518 f.

Le taux étant le même, les temps sont proportionnels aux intérêts ; donc la 1ʳᵉ fois le capital a été placé $\dfrac{15\times740,817}{1234,695}$
= 9 mois, et la 2ᵐᵉ fois il a été placé $\dfrac{15\times493,878}{1234,695}$ = 6 mois.

291. 16 mois 17 jours.

Solution.

Le 1ᵉʳ placement rapporte $\dfrac{1155,30}{11}$ = 105ᶠ,0273 en 1 mois.

Le 2ᵐᵉ — $\dfrac{1048,65}{9}$ = 116ᶠ,5166 —

Le 3ᵐᵉ — $\dfrac{965,4}{10}$ = 96ᶠ,54 —

Donc la somme ou le capital rapporte 318ᶠ,0839

Par suite, ce capital mettra, pour rapporter 5272ᶠ,15, autant de mois que 318ᶠ,0839 sera contenu de fois dans 5272ᶠ,15, c'est-à-dire 16 mois 17 jours.

292[*]. Grains 1474ᶠ,20 ; spathes 190ᶠ,944.

Solution. L'hectare rapportant 6 hectolitres de grains, 18 hectares rapporteront 18 fois 6 hectolitres, ou 108 hectolitres.

108 hectolitres de froment, à 21 fr. l'hectolitre vaudront 21ᶠ×108 = 2268 f., et 108 hectolitres de maïs vaudront d'après l'énoncé les $\dfrac{13}{20}$ ou $\dfrac{2268^{f}\times13}{20}$ = 1474ᶠ,20.

D'un autre côté, comme il y a 26 k. g. de spathes pour 100 k. g. de grains de maïs, pour 108 hectolitres ou 7344 k. g. de grains,

[*] *Nota.* C'est en volume, soit par hectolitre, que le maïs vaut les $\dfrac{13}{20}$ du froment.

il y aura $\dfrac{7444 \times 26}{100} = 1909^{kg},44$ de spathes, dont la valeur à

10 f. les 100 k. g. sera égale à $\dfrac{1909,44 \times 10}{100} = 190^f,944$.

293. 444 hectolitres de pommes de terre; 128 h. l. de blé.

Solution. 572 hectolitres de blé à 24 f. l'hectolitre vaudraient $24^f \times 572 = 13728$ f., c'est-à-dire $8951^f,04$ de plus que le prix énoncé; mais 1 hectolitre de pommes de terre ne vaut que les $\dfrac{4}{25}$ de celui du froment ou $3^f,84$; donc, en vendant 1 hectolitre de pommes de terre au lieu de 1 hectolitre de froment, le prix de vente diminue de 24 f. — $3^f,84 = 20^f,16$.

Il y avait donc autant d'hectolitres de pommes de terre qu'il y a de fois $3^f,84$ dans $8951^f,04$ c'est-à-dire 444 hectolitres.

294. 5000 têtes de pavot.

Solution. Pour produire $\dfrac{4}{5}$ de gramme d'opium il faut 1 tête de pavot, pour en produire 4000 grammes il faudra donc 5000 têtes.

295. $649^f,25$.

Solution.

1 kilog. d'huile . . . . vaut $2^f,80$

25 pieds, ou 1 kilog. graine . . $= \dfrac{2^f,80 \times 40}{100}$

1 hectare, ou 15625 pieds . . $= \dfrac{2^f,80 \times 40 \times 15625}{100 \times 25}$

$0,9275$ . . . . $= \dfrac{2^f,80 \times 40 \times 15625 \times 0,9275}{100 \times 25}$

ou $649^f,25$.

296. Chêne, $136377\dfrac{2}{9}$ hectares; bois blanc, $408932\dfrac{2}{3}$ hectares; pins, etc., $680690\dfrac{1}{9}$ hectares.

Nota, Au lieu de 235125, lisez dans l'énoncé : $144315 + \dfrac{1}{9}$.

297. 1 kil. de sucre de cannes, 0ᶠ,326 ; 1 kil. de betteraves, 0ᶠ,147.

Solution.

9200 kil. de sucre de cannes coûtent 12 fois 250 fr. ou 3000 fr. Donc, 1 kil. de ce sucre revient à $\frac{3000}{9200}$ = 0ᶠ,326.

2400 kil. de sucre de betterave coûtent 354 fr. Donc, 1 kil. de ce sucre revient à

$$\frac{354^f}{2400} = 0^f,147.$$

298. 53537739ᵏ,04.

Solution.

Le déchet étant les $\frac{26}{100}$ du poids du chiffon, le papier produit en sera les $\frac{74}{100}$ ou

$$\frac{72348296^k \times 74}{100} = 53537739^k,04.$$

299. Rayon de l'équateur, 6377075 mètres ; pôle, 6356415 mètres.

Solution.

La différence entre les deux rayons devant être 20660ᵐ, si l'on en ajoute la moitié ou 10330ᵐ au rayon moyen, on aura le rayon à l'équateur :

$$6366745^m + 10330^m = 6377075^m ;$$

et si du rayon moyen on retranche cette même moitié on aura le rayon au pôle :

$$6366745^m - 10330^m = 6356415^m.$$

300.

Mercure.	59 604 000	kilom.,	distance au soleil.
Vénus.	110 038 000	—	—
La Terre.	152 830 000	—	—
Mars.	232 302 000	—	—
Jupiter.	794 716 000	—	—
Saturne.	1457 998 000	—	—
Uranus.	2931 279 000	—	—
Neptune.	4591 013 000	—	—

Solution. La lumière parcourant 310000 kilom. par seconde parcourt en 8′13″ ou 493″ : $310000^k \times 493 = 152830000$ kilom.

Ce nombre de kilomètres exprime le distance de la Terre au Soleil. La distance de Mercure au Soleil s'obtiendra en prenant les 0,39 de ce nombre; celle de Vénus en en prenant les 0,72, etc.

301. 14800 kilog. de cuivre brut; 100 kilog. de cuivre pur coûtent 229^f,166.

Solution. 27280 fr. étant les $\dfrac{34}{37}$ de la somme déboursée, cette somme est donc égale à

$$\frac{27280 \times 37}{34} = 32560 \text{ fr.}$$

Par conséquent, la différence entre 32560 fr. ou 27280 fr. représente le prix de 2400 kilog. de cuivre brut.

1 kilog. de cuivre brut coûte donc $\dfrac{32560^f - 27280^f}{2400}$ ou 2^f,2.

Il y avait donc

$$\frac{32560}{2,2} \text{ kilog. de cuivre brut ou } 14800 \text{ kilog.}$$

D'un autre côté, le rendement étant 96 p. 100, 100^k de cuivre brut, ou 96^k de pur contient 200^f.

donc. . . . . 100^k — $\dfrac{200^f \times 100}{96} = 229^f$,166.

302. 3428 kilog. de moutarde blanche et 640 kilog. de moutarde noire.

Solution. 4068 kilog. de graines de moutarde blanche rendraient $\dfrac{32 \times 4068}{100} = 1301^k$,76 d'huile, c'est-à-dire 1301^k,76—1199^k,360 $= 102^k$,400 d'huile de plus que la quantité énoncée. Mais 100 kilog. de moutarde noire mis à la place de 100 kilog. de moutarde blanche diminuent ce rendement de 16 kilog.; donc, pour que les 102^k,400 d'excédant soient annihilés, il faudra autant de fois 100 kilog. de moutarde noire que 16 kilog. est contenu de fois dans 102^k,400.

$$\frac{102,400}{16} \times 100 = 640 \text{ kilog. de moutarde noire.}$$

La quantité de moutarde blanche sera $4068 - 640 = 3428$.

Par un raisonnement analogue, en supposant d'abord qu'il n'entre que de la moutarde noire, on trouverait qu'il y avait 3428 kil. de moutarde blanche et on en déduirait 640 kilog. de moutarde noire.

303. 324900000 fr.

Solution. $\frac{7}{15} + \frac{3}{20} + \frac{13}{60} = \frac{28}{60} + \frac{9}{60} + \frac{13}{60} = \frac{50}{60} = \frac{5}{6}$ de la totalité; donc, si 270750000 fr. représente les $\frac{5}{6}$ de la valeur totale, cette valeur totale sera représentée par

$$\frac{270750000^f \times 6}{5} = 324900000 \text{ fr.}$$

304. 0,750.

Solution. Si 18 gr. contiennent $13^{gr},5$ d'argent pur, 1000 gram. en contiennent

$$\frac{13,5 \times 1000}{18} = 750 \text{ grammes.}$$

305. $623^f,99$.

Solution. $2^k,95575$ de vaisselle d'argent contiennent $\dfrac{2^k,95575 \times 95}{100}$ d'argent pur, dont le prix à $222^f,22$ le kilog. est

$$\frac{222^f,22 \times 2,95575 \times 95}{100} = 623^f,99.$$

306. États-Unis, 11512500 kilog ; Angleterre, 276300 kilog.; Espagne, 138150 kilog.

Solution. 3 kilog. de chiffons produisant 2 kilog. de papier ; 7951300 kilog. de papier seront produits par

$$\frac{7915300 \times 3}{2} = 11926950 \text{ kil.}$$

En partageant ce nombre proportionnellement à 250, 6 et 3, on obtient les résultats demandés.

307. $8288868^k,688$.

Solution. La somme des fractions $\frac{4}{35} + \frac{5}{18} + \frac{7}{39}$ surpasse celle

des fractions $\frac{3}{26} + \frac{7}{20}$ de $\frac{1739}{16380}$.

Donc, les $\frac{1739}{16380}$ de la valeur totale du charbon produit annuel-

lement égalent $140799^f,44$. Donc, cette valeur est de

$$\frac{140799^f,44 \times 16380}{1739} = 1326218^f,99.$$

Par suite, le nombre de kilogrammes fabriqués est égal à

$$\frac{1326218^f,99 \times 50}{8} = 8288868^k,688.$$

308 *. Dans le rapport des nombres 1430, 2352 et 3139.

Solution. Le 1er placement rapportant $786^f,50$ en 15 mois, rapporterait $\frac{786^f,50 \times 12}{15} = 629^f,20$ en 12 mois. Pendant le même

temps, le 2e rapporterait $\frac{689^f,92 \times 12}{8} = 1034^f,88$

et le 3e — $\frac{1035^f,88 \times 12}{9} = 1381^f,16.$

Or, lorsque les temps sont égaux, le taux étant le même, les capitaux sont proportionnels aux intérêts. Donc les sommes placées
sont proportionnelles aux nombres 629,20, 1034,88 et 1381,16,
ou, en simplifiant, aux nombres 1430, 2352, 3139.

309. 846400 tonnes.

Solution.

$$\frac{3}{20} + \frac{5}{8} + \frac{7}{28} = \frac{287}{280}. \text{ Or, } \frac{287}{280} \text{ surpasse } \frac{280}{280} \text{ de } \frac{7}{280} = \frac{1}{40}. \text{ Par}$$

conséquent, $\frac{1}{40}$ de la production totale $= 21160$ tonnes.

Donc, cette production totale $= 21160 \times 40 = 846400$ tonnes.

* *Nota.* Au lieu de, quelle est la valeur de chaque placement, lisez :
dans quelle proportion sont les valeurs de ces trois placements.

310. 33498 kilog. 4200649^f,20.

Solution. $\frac{2}{9}+\frac{1}{6}+\frac{1}{3}=\frac{13}{18}$. Or, si les $\frac{13}{18}$ du produit annuel

s'élèvent à 3033802^f,20, les $\frac{18}{18}$ ou le produit total valent

$\frac{3033802^f,20\times18}{13}=4200649^f$,20. Par conséquent, le kilog. étant

estimé 125^f,40, cette valeur représente $\frac{4200649,20}{125,40}=33498$ kil.

311. 35 kilog.

Solution. D'après l'énoncé, l'Angleterre fournit seule

$$\frac{21000000^k}{2}=10500000 \text{ kilog. de cuivre.}$$

Or, puisqu'il faut 30000000 kilog. de minerai pour rendre cette quantité de cuivre pur, dans 100 kilog. de ce minerai, il entre

donc $\frac{10500000}{300000}=\frac{105}{3}=35$ kilog.

312*. 80 kilog.

Solution. 100 kilog. de pyrite anglaise produisent 35 kilog. de

cuivre pur, $\frac{7}{16}$ de 100^k de cuivre sulfuré produisent autant ou 35^k;

donc $\qquad$ 100^k $\qquad$ — $\qquad$ — $\qquad$ $\frac{35^k\times16}{7}=80^k$

313. 36 jours.

Solution. Le départ en commun se fera évidemment après un multiple des trois nombres 6, 9 et 12. Le départ le plus rapproché aura donc lieu après 36 jours, 36 étant le plus petit multiple des trois nombres 6, 9 et 12.

314. 1° 1180454^f,40 et 14205 l.; 2° 32401^f,20 et 390 l.; 3° 07386 f. et 450 l.

* *Nota.* L'énoncé n'indique qu'une proportion : $\frac{7^k}{16}$ de cuivre sulfuré produisent autant que 4 kilog. de cuivre pyriteux.

En partageant 1.249938^f,60 proportionnellement à 947, 26 et 30, on obtient pour les trois exportations les valeurs respectives : 1180151^f,40, 32401^f,20 et 37386 f. Ces valeurs divisées par 83,08 donnent les nombres de tonnes.

315. 12 mois.

Solution. Le taux étant le même, les temps sont en sens inverse des capitaux ; ils sont donc entre eux comme 75312 est à 56484 ; c'est-à-dire comme 4 est à 3 ; en d'autres termes le temps demandé est les $\frac{4}{3}$ de 9 m. ou 12 mois.

316. 53620 f.

317. Comme 9 est à 14.

Solution. Si l'intérêt était le même, les temps seraient entre eux comme 9 est à 7 ; mais l'intérêt du second capital n'étant que la moitié de celui du premier, le temps de placement de ce second capital sera la moitié de celui de l'autre, c'est-à-dire les $\frac{9}{14}$ au lieu des $\frac{9}{7}$. Il est facile de vérifier sur les données de l'énoncé.

318 *. 6027^f,15.

Solution. L'intérêt cherché est les $\frac{5}{3}$ de 3616^f,29.

Application. L'intérêt de 47169 fr. est 2169^f,644 ; celui de 78615 fr. en est les $\frac{5}{3}$ ou 3616^f,29.

319. Comme 35 est à 24.

Solution. Si les temps étaient égaux, l'intérêt du second capital serait les $\frac{5}{8}$ de celui du premier ; mais comme le temps du place-

---

* *Nota.* Dans l'énoncé, au lieu de 47175, lisez : 47169.

ment du second est les $\frac{7}{3}$ de celui du 1er, l'intérêt de ce second sera donc les $\frac{7}{3}$ de $\frac{5}{8} = \frac{35}{24}$ de l'intérêt du 1er.

Application. 26820 fr. est les $\frac{5}{8}$ de 42912 fr.; l'intérêt de 42912 fr. en 6 mois est 1137f,168; celui de 26820 en 1 an 2 mois en est les $\frac{35}{24}$ ou 1658f,37.

320. 2216f,54.

Solution. 87 hectolitres de blé à 25f,80 l'hectolitre valent 2244f,60, dont l'escompte à 5 p. 100 en 3 mois est égal à

$$\frac{2244^f,60 \times 5}{100 \times 4} = 28^f,0575.$$

Donc le vendeur recevra 2244f,60 — 28f,0575 ou 2216f,5425.

321. 39f,28.

Solution. 3472 k. g. de sucre à 71f,45 les 100 k. g. valent 71f,45 × 34,72 = 2480f,744, dont l'escompte en 4 mois, à 4,75 p. 100 est égal à $\frac{2480^f,744 \times 4,75}{100 \times 3} = 39^f,278.$

322. 4f,777.

Solution. 5348 k. g. de cuivre à 240 f. les 100 k. g. valent 240f × 53,48 = 12835f,20.

Or, puisque le vendeur a reçu 12579f,71 du banquier escompteur, l'escompte a donc été de 12835f,20 — 12579f,71 = 255f,49. L'escompte de 12835f,20 en 5 mois étant de 255f,49, celui de 100 f. en 12 mois sera égal à $\frac{255^f,49 \times 100 \times 12}{12835,20 \times 5} = 4^f,777.$

323 *. 50 f. les 500 k. g.

Solution. 5f,20 d'escompte en 12 mois étant produits par 100 f.; 37f,856 en 3 mois seront produits par $\frac{100^f \times 37,856 \times 12}{5,20 \times 3} = 2912 f.$ 2912 f. représentant la valeur de 29120 k. g. de foin, 500 k. g. valent donc $\frac{2912 \times 500}{29120} = 50 f.$

---

* *Nota.* Dans l'énoncé, au lieu de 2912 kilog., lisez : 29120 kilog.

324. 1 m. 13 jours.

Solution. 8990 k. g. de zinc à 48f,50 les 100 k. g. valent
48f,50×89,90 = 4360f,15.

Or, si 100 f. rapportent 5f,20 en 12 mois, 4360f,15 rapporteront
27f,4888 en

$$\frac{12^m \times 100 \times 27,4888}{4360,15 \times 5,20} = 1 \text{ m. 13 jours.}$$

325. $5^h + \frac{1}{4}$.

Solution. Le train omnibus dans les 2 h. 20 m. qu'il a d'avance
a parcouru 84 kil. ; mais comme le train exprès gagne 16 kil. par
heure sur le train omnibus, il atteindra donc ce dernier en $\frac{84}{16}$

$$= 5^h + \frac{1}{4}.$$

326. 2 h.

Solution. Les deux trains parcourent ensemble, en 1 heure,
35km,5+48 kil. ou 83km,5. Donc ces deux trains mettront autant
d'heures pour se rencontrer que 83km,5 seront contenus de fois
dans 167 kil., distance des deux villes : $\frac{167}{83,5} = 2$.

327. 3008 m., longueur de la terrasse de Saint-Germain.

Solution. Le premier fait par minute 104 pas, dont la longeur
est $\frac{5^m \times 104}{7} = \frac{520^m}{7}$; le deuxième fait par minute 112 pas, dont
la longueur est $\frac{3 \times 5 \times 112}{4 \times 7} = \frac{420^m}{7}$; ils parcourent donc à eux
deux $\frac{520+420}{7}$ de m. dans 1 min.; par suite, dans 22 min. 24 sec.
ou 22 min., 4 s.; ils parcourent $\frac{520+420}{9} \times 22,4 = 3008$ mèt.;
ce qui est par conséquent, la longueur de la terrasse.

328. 32km,4.

Solution. En 7h.33m.45s, ou 7h,5625 le train exprès a parcouru
48km,4×7h,5625.

Donc, pendant le même temps, le train omnibus n'a parcouru

que $48^{km},4 \times 7,5625 - 121$ kil. Par conséquent, par heure, sa vitesse était de

$$\frac{48,4 \times 7,5625 - 121}{7,5625} = 48,4 - \frac{121}{7,5625} = 48,4 - 16 = 32^{km},4.$$

329. $158^{km},851.$

Solution. Le premier, pour parcourir

la distance totale, a mis $\dfrac{465}{48,3}$ heures

et le 2me — $\dfrac{465}{31,8}$ heures.

Le 2me a donc mis de plus que le 1er $\dfrac{465}{31,8} - \dfrac{465}{48,3}$.

Or, pendant ce temps, il a parcouru $31^{km},8$ multiplié par ce nombre d'heures.

$$\frac{465 \times 48,3 - 465 \times 31,8}{48,3 \times 31,8} \times 31,8 = \frac{465 \times 16,5}{48,3} = 158^{km},85.$$

330. $1^{m},26.$

Solution. En $37^s,5$ le bateau a parcouru $\dfrac{11592^m \times 37,5}{3600}$.

Donc la barque, pendant le même temps, a parcouru 168 m. $- \dfrac{11592^m \times 37,5}{3600}$. Par conséquent, en 1 seconde elle parcourrait ce nombre de kilom. divisé par $37,5$ ou

$$\frac{168^m}{37,5} - \frac{11592^m}{3600} = \frac{112^m}{25} - \frac{322^m}{100} = \frac{448^m - 322^m}{100} = 1^m,26.$$

331. A 150 kil. du point A et à 90 kil. de B.

Solution. La différence entre les prix d'achat en B et en A est de 6 f. Or pour 6 f., à $0^f,10$ par kil., on peut transporter 1 stère de bois à $\dfrac{6}{0,1} = 60$ kil.

Donc à 60 kil. du point A, le bois revient au même prix qu'en B. Par suite, à $\dfrac{240-60}{2}$ ou 90 kil. du point B, et à $90^{km}+60^{km}$ ou 150 kil. du point A, le bois coûtera encore le même prix.

332. 238000 kil. ; $22^f,27$ les 100 kil.

Solution. Le capital qui à 4 p. 100 rapporte 714 f. en un an est égal à $\dfrac{714 \times 100}{4} = 17850$ fr. et représente le droit de sortie ; ce droit étant de $7^f,50$ pour 100 kil., il y a autant de fois 100 kil. exportés qu'il y a de fois $7^f,50$ dans 17850 f., c'est-à-dire $\dfrac{17850 \times 100}{7,50} = 238000$ kil. Comme le prix de ces 238000 kil., droit de sortie compris, rapporte annuellement à 5 p. 100 $2650^f,13$, ce prix est donc $\dfrac{2650^f,13 \times 100}{5} = 53002^f,6$. Donc 100 kil. coûtent $\dfrac{53002^f,6 \times 100}{238000} = 22^f,27$.

333. 120 kilog. contenant 45 p. 100 et 155 contenant 28 p. 100.

Solution. 275 kilog. contenant 45 p. 100 rendraient $\dfrac{45 \times 275}{100} = 123^k,75$ de soufre pur, c'est-à-dire $26^k,35$ de plus qu'on a obtenu. Mais 100 kilog. contenant 28 kilog. de soufre pur au lieu de 100 kilog. en contenant 45 kilog. diminuent la quantité de soufre de $45^k - 28^k = 17$ kilog. Donc, il y avait $\dfrac{26,35 \times 100}{17} = 155$ kilog. de terre contenant 28 kilog. p. 100 de soufre pur.

334*. 52136460 fr. ordinaires, 32386473 fr. Xérès, 4226310 fr. Malaga.

Solution. Ordinaires $= $ Xérès $+ \dfrac{38}{63}$ de Xérès $+ 215289$ fr.

Xérès $\quad = $ Xérès

Malaga $\quad = \left(\dfrac{2}{21} + \dfrac{1}{35} \right)$ de Xérès $+ 216556^f,20$

Donc, 88749243 fr. $= \dfrac{859}{315}$ de Xérès $+ 431845^f,20$

D'où $88749243^f - 431845^f,20 = \dfrac{859}{315}$ de Xérès,

ou $\dfrac{88317397^f,8 \times 315}{859} = 32386473$ fr. $=$ Exportation de Xérès.

Il est facile de déduire de là la valeur de chacune des deux autres exportations.

335. 304542 ouvriers employés aux mines en Angleterre.

* *Nota.* Dans l'énoncé, lisez : Xérès, au lieu d'ordinaires et réciproquement.

Solution.

Houille. . $\frac{5}{7}$ du n. tot. d'ouv. $+$ 2885 o. $= \frac{98}{126}$ du n. tot. $+$ 2885 o.

Fer . . . $\frac{2}{21}$ du n. tot. d'ouv. $-$ 2842 o. $= \frac{12}{126}$ du n. tot. $-$ 2842 o.

Cuivre. . $\frac{2}{21}$ du n. tot. d'ouv. $-$ 7779 o. $= \frac{12}{126}$ du n. tot. $-$ 7779 o.

Étain. . . $\frac{4}{63}$ du n. tot. d'ouv. $-$ 4537 o. $= \frac{8}{126}$ du n. tot. $-$ 4537 o.

Plomb. . $\frac{1}{14}$ du n. tot. d'ouv. $+$ 14 o. $= \frac{9}{126}$ du n. tot. $+$ 14 o.

Zinc. . . . $+$ 174 o. $=$ 174 o.

Nombre total d'ouvriers, ou $\left(\frac{126}{126}\right) = \frac{131}{126}$ du n. tot. $-$ 12085 o.

D'où $\frac{5}{126}$ de ce nombre $=$ 12085 ouvriers.

Par conséquent, nombre d'ouvriers $= \dfrac{12085 \times 126}{5} = 304542$ o.

336. 19190^f,77 vigne ; 13133^f,08 somme que possède l'acheteur.

Solution. Entre le prix de la vigne $+\frac{1}{22}$ de ce prix et le prix de la vigne moins $\frac{1}{30}$ de ce prix, il y a une différence de $\frac{1}{22} + \frac{1}{30}$ ou de $\frac{26}{330}$. Or, cette différence est égale à 6930^f $-$ 5418^f $=$ 1512^f. Donc, puisque les $\frac{26}{330}$ du prix de la vigne $=$ 1512 fr., le prix même de la vigne $= \dfrac{1512^f \times 330}{26} = 19190^f,77$.

D'un autre côté, ce que possède l'acheteur $+$ 6926 fr. $=$ le prix de la vigne $+\frac{1}{22}$ de ce prix $= \frac{23}{22}$ de 19190^f,77 $=$ 20063^f,08. Donc, l'acheteur possède 20063,08 $-$ 6930 fr. $=$ 13133^f,08.

337. 0^f,15 prix d'un mètre cube de gaz pour la ville, 0^f,30 pour les particuliers.

Solution. Les $\frac{3}{5}$ de 87055 $=$ 52233. Il y a donc 52233 becs

4.

pour l'éclairage public et 34822 becs pour l'éclairage particulier. Comme la consommation de chaque bec, par heure, est de 134 lit. de gaz, la consommation des becs de l'éclairage public en 5 heures sera donc $52233 \times 134 \times 5$ litres $= 34996140$ litres, et celle des becs de l'éclairage particulier $34822 \times 134 \times 5 = 23330740$ lit.

Or, la dépense pour l'éclairage particulier surpassant de $1749^f,8055$ celle de l'éclairage public, et la dépense totale s'élevant à $12248^f,6385$; il en résulte que la dépense pour l'éclairage public est la demi-différence de ces deux nombres ou $5249^f,4465$, et celle pour l'éclairage particulier la demi-somme ou $6999^f,222$.

En divisant ces prix par les nombres de mètres cubes correspondants, on obtient $\dfrac{5249,4465}{34996,140} = 0^f,15$ pour le prix d'un mètre cube de gaz pour la ville de Paris et $\dfrac{6999^f,222}{23330,740} = 0^f,30$ pour le prix d'un mètre cube de gaz pour les particuliers.

338. On doit avoir reconnu que ce problème est indéterminé (n°s 219, 225), parce que les deux conditions données reviennent à une seule, 3601830 fr. étant simplement le prix des 240122000 oranges. En se donnant la valeur de l'exportation d'Espagne, on trouverait celle de la Sicile. — Dans la réalité l'exportation d'Espagne est de 5074770 fr., celle de la Sicile est donc de $5074770^f + 3601830^f$ ou 8676600 fr. Le nombre des oranges exportées d'Espagne est ainsi de $\dfrac{5074770 \times 200}{3} = 338318000$ et celui des oranges de Sicile $\dfrac{8676600 \times 200}{3} = 578440000$ résultat qu'on pourrait encore obtenir en ajoutant à 338318000 l'excédant donné pour la Sicile, 240122000.

339. 0,920.

Solution.

$242^{cc},73$ d'or pèseraient $242^g,73 \times 19,36 = 4699^{gr},2528$, c'est-à-dire $406^{gr},4728$ de plus que le poids du vase. Mais en mettant 1^{cc} de cuivre à la place de 1^{cc} d'or, le poids diminue de $19^{gr},36 - 8^{gr},87 = 10^{gr},49$. Donc il y avait $\dfrac{406,4728}{10,49} = 38^{cc},72$ de cuivre et, par suite, 204^{cc},04 d'or, dont le poids est de 204^{gr},04 $\times$ 19,36 ou de 3949^{gr},6336.

Or, si dans 4293^{gr},08 d'alliage il y a 3949^{gr},6336 d'or pur, dans 1000 gr. il y en aura donc $\dfrac{3949,6336 \times 1000}{4293,08} = 920$ gr.

En d'autres termes, le titre est 0,920.

340 *. Angleterre 29624700 moutons et 14810850$^{h.a}$
France   35210700   —   et 53319060$^{h.a}$

Solution.

D'après l'énoncé, la France sur 53 hect. entretient 35 moutons.
              l'Angleterre, sur 53   —   —   106   —
Donc sur 53 $\times$ 18 hect. la France entretient 35 $\times$ 18 moutons
et sur 53 $\times$ 5   —   l'Angleterre   —   106 $\times$ 5   —

Les deux dernières surfaces considérées sont dans le rapport de 18 à 5 ; sur leurs surfaces totales qui sont le même rapport, la France et l'Angleterre entretiennent des nombres proportionnels à 35 $\times$ 18 et 106 $\times$ 5, ou à 63 et 53.

Le nombre total 64832400 moutons partagé proportionnellement à 63 et 53 donnera les deux résultats demandés : 35210700 moutons en France ; 29624700 moutons en Angleterre.

Par conséquent, l'étendue de l'Angleterre est égale à $\dfrac{29624700}{2}$
= 14810850 hectares, et celle de la France à $\dfrac{35210700 \times 53}{35} =$
53319060 hectares ou autrement $\dfrac{14810850^{ha} \times 18}{5}$.

341. 0^m,09.

Solution. 5000 feuilles couvrent une surface de 40^{mq},50, donc 1 feuille couvre

$\dfrac{40^{mq},50}{5000} = 0^{mq},0081$, dont la racine carrée est égale à 0^m,09.

342. 2540 m.

Solution. $\sqrt{6451600^{mq},9} = 2540$ m.

* *Nota.* Dans l'énoncé, au lieu de, et la France 35, lisez : et la France 35 sur 53 hectares.

343. 126 karats ou $27^{gr},5672$.

Solution. $\dfrac{887808^k}{48} = 18496$ exprime le carré du poids en karats,

donc le poids de ce diamant est égal à $\sqrt{18496} = 136$ karats ou à $0^{gr},2027 \times 136 = 27^{gr},5672$.

344. $424^k,278$.

Solution. De la proportion $\dfrac{500}{x} = \dfrac{0,444^2}{0,409^2}$, on

tire $x = \dfrac{0,409^2 \times 500}{0,444^2} = 424^{kg},278$.

345. 84 m. longueur, 28 m. largeur.

Solution.

Le nombre de mètres cubes de fondations est égal à $\dfrac{4076^f,80}{13} = 313^{mc},6$. Par conséquent, le contour est de $\dfrac{313,6}{4 \times 0,35} = 224$ m.; le demi-contour est donc 112 m.

En partageant 112 m. proportionnellement aux nombres 3 et 1, on obtient pour la longueur 84 m. et pour la largeur 28 m.

346. $321^{ha},30^a$.

Solution.

201201 f. de bois à $13^f,40$ le stère représentent la valeur de $\dfrac{201201}{13,40} = 15015$ stères.

Or, puisque $27^{st},5$ sont produits par 54 ares, l'étendue de la partie boisée, qui produit 15015 st. est donc de $\dfrac{15015 \times 54}{27,5} = 27846^a$.

Cette étendue n'étant que les $\dfrac{13}{15}$ de l'étendue totale, celle-ci est égale à $\dfrac{27846 \times 15}{13} = 321^{ha}$, 30 ares.

347. 1er 8 kilog.; 2^e $7^{k.g} + \dfrac{1}{9}$; 3^e $6^{k.g} + \dfrac{14}{27}$; 4° $5^{k.g} + \dfrac{73}{135}$.

Solution.

La différence entre le 3ᵉ et le 4ᵉ boulet est les $\frac{3}{20}$ du 3ᵉ, donc les $\frac{3}{20}$

du 3ᵉ $= \frac{44}{45}$ kilog., et, par conséquent, les $\frac{20}{20}$ du 3ᵉ ou le poids

du 3ᵉ $= \frac{44\times20}{45\times3} = 6^{kg\cdot}+\frac{14}{27}$. D'où le poids du 4ᵉ $=$ les $\frac{17}{20}$ de

$6^{kg\cdot}+\frac{14}{27} = 5^{kg\cdot}+\frac{73}{135}$. D'après l'énoncé le poids du 2ᵉ est les

$\frac{12}{11}$ de celui du 3ᵉ, ou $\frac{176\times12}{27\times11} = 7^{kg\cdot}+\frac{1}{9}$; et le poids du 1ᵉʳ est

les $\frac{9}{8}$ du 2ᵉ ou 8 kilog.

348. 1° 240923845ᶠ,75 à l'industrie, 29905070ᶠ,79 aux transports, 15221143ᶠ,82 aux exploitations minérales; 2° 79587680qm,08.

Solution. 72094500 fr., valeur de la consommation du chauffage domestique, représentent les $\frac{20,13}{100}$ de la valeur totale; donc,

cette valeur totale est égale à $\frac{72094500^f\times100}{20,13} = 358144560^f,36$.

Par suite, en divisant par 4ᶠ,50, prix d'un quintal, on trouve que la consommation totale de la France est de 79587680qᵘⁱⁿᵗ·ᵐ,08.

On trouve de même que la valeur du combustible minéral absorbé

$$\text{par l'industrie} = \frac{358144560^f,36\times67,27}{100} = 240923845^f,75$$

$$\text{par les transports} = \frac{358144560^f,36\times8,35}{100} = 29905070^f,79$$

$$\text{et par les exploitations} = \frac{358144560^f,36\times4,25}{100} = 15221143^f,82$$

349.

Grande-Bretagne.	567 * millions de quinta.		421673000f.**
États-Unis	126	—	—	93705000
Prusse.	105	—	—	78088000
Belgique.	74	—	—	54974000
France.	63	—	—	46852000
Autriche.	42	—	—	31235000
Saxe.	12	—	—	9370000
Divers	261	—	—	194103000

* *Nota.* Résultats à 1000000 qx, près.
* *Nota.* Résultats à 1000 f. près, et le chiffre est forcé quand il y a lieu.

Solution. Partager les 1250 millions de quintaux proportionnellement aux nombres énoncés ou aux nombres entiers 4725, 1050, 875, 616, 525, 350, 105 et 2175.

350. 1° France . . . . $77894736^{kg} + \dfrac{16}{19}$

2° Angleterre . . $97368421^{kg} + \dfrac{1}{19}$

3° États-Unis . . $194736842^{kg} + \dfrac{2}{19}$

Solution.

180 fr. est le prix de 3000^k chiffons,

6 fr. — 100 — ou de 74^k de papier;

$$6315789^f,47\,\frac{7}{19} \quad — \quad \frac{74^k \times 6315789,47\frac{7}{19}}{6}\ \text{papier},$$

$$= 77894736^k \frac{16}{19}\ \text{papier},$$

production annuelle du papier en France,

La production en Angleterre en est les $\dfrac{5}{4}$ ou $97368421^k \dfrac{1}{19}$.

Celle des États-Unis est le double de celle-ci ou $194736842^k \dfrac{2}{19}$.

351. 20 chênes-liége produisant 70 kilog. d'écorce

et 15 — — 40 —

Solution. 5405^f,40 de bouchons à 2^f,10 le cent, représentant 257400 bouchons ou 2000 kilog. de liége.

Or, 35 chênes produisant chacun 70 kilog. de liége fourniraient 2450 kilog. de liége, c'est-à-dire 450 kilog. de plus que n'en indique l'énoncé.

Mais, 1 chêne produisant 40 kilog. au lieu de 1 chêne produisant 70 kilog. fait diminuer la quantité de liége de 30 kilog.

Donc, il y avait $\dfrac{450}{30} = 15$ chênes-liége produisant 40 kilog. d'écorce.

352. à 11^m,25 du bec de gaz et à 3^m,75 de la bougie.

Solution. En raisonnant comme au n° 217, on trouverait que la quantité de lumière fournie par un bec de gaz dont l'intensité est 9, à la distance x est $\dfrac{9}{x^2}$; et celle d'une bougie dont l'intensité est 1, à la distance y, $\dfrac{1}{y^2}$. Ces quantités de lumière devant être égales, leurs racines carrées le sont aussi :

$$\frac{3}{x} = \frac{1}{y}$$

On voit d'une manière générale que les distances au point où la quantité de lumière est la même, sont en raison directe des racines carrées des intensités de ces lumières. Il reste donc à partager 15 proportionnellement à 3 et à 1. La discussion algébrique du problème ferait voir qu'il y a au delà du bec de gaz un second point également éclairé par les deux lumières.

353. 8588 m. Himalaya, 6488 m. Amérique.

Solution. Le carré de la différence des deux hauteurs étant 4410000, la différence elle-même est $\sqrt{4410000} = 2100^{m}$.

On sait que la différence des carrés de deux nombres est égale à la somme des deux nombres multipliée par leur différence. Ainsi 31659600 est le produit de la somme des hauteurs par leur différence 2100ᵐ. Par suite $\dfrac{31659600}{2100} = 15076^{m}$ est la somme des deux hauteurs. Connaissant la somme 15076ᵐ et la différence 2100ᵐ des deux hauteurs cherchées, on se trouve ramené à un problème connu. Les deux hauteurs sont la demi-somme et la demi-différence de 15076+2100.

354. 4810 m. Mont-Blanc; 3710 m. Ténériffe.

Solution. D'une part : le Ténériffe $= \dfrac{10}{13}$ du Mont-Blanc $+10$ ou 13 fois le Ténériffe $= 10$ fois le Mont-Blanc $+130$.

D'autre part : la différence entre le carré de la somme de deux nombres et le carré de leur différence, est égale à 4 fois le produit de ces deux nombres; ainsi :

4 fois le Ténériffe $\times$ le Mont-Blanc $= 71380400$, ou

4 fois 13 fois le Ténériffe $\times$ 10 fois le Mont-Blanc 71380400×130.

Prenant pour inconnues

$x = $ 13 fois la hauteur du Ténériffe,

$y = $ 10 fois   —   Mont-Blanc,

les deux conditions trouvées peuvent s'écrire ainsi :

$$x - y = 13,$$
$$4xy = 71380400 \times 130.$$

Mais le carré de $x - y$ augmenté de $4xy$ donne le carré de $x + y$; ou, ce qui est la même chose,

$$130^2 + 71380400 \times 130 = (x + y)^2$$

ou
$$x + y = \sqrt{130^2 + 71380400 \times 130} = 96330.$$

Connaissant la somme 96330 de x et y, et leur différence 130, on trouve facilement que

$$x = 48230 \text{ et } y = 48100.$$

Or x est 13 fois la hauteur du Ténériffe; donc cette hauteur est égale à $\frac{48230}{13} = 3710^m$.

De même y est 10 fois la hauteur du Mont-Blanc; donc cette hauteur est égale à $\frac{48100}{10} = 4810.$

355. $2^{hs}, 17^s, 31.$

Solution. Dépense de la 7e   = $75^f,6500$

Dépense de la 6e $\dfrac{75^f,65 \times 6}{5}$ = $90^f,7800$

—   5e $\dfrac{90^f,78 \times 8}{7}$ = $103^f,7485$

—   4e $\dfrac{103^f,7485 \times 13}{12}$ = $112^f,3942$

—   3e $\dfrac{112^f,3942 \times 7}{6}$ = $131^f,1266$

—   2e $\dfrac{131^f,1266 \times 15}{14}$ = $140^f,4928$

—   1re $\dfrac{140^f,4928 \times 14}{13}$ = $151^f,3000$

Total. . . . $805^f,4921$ à moins de 0,004 et par défaut.

$805^f,4921$ de pain à $0^f,25$ le kil. représentent $3221^k,9684$.

Or, puisque 132 kil. de pain sont produits par 100 kil. de farine, $3221^k,9684$ de pain seront produits par

$$\frac{3221^{k},9684 \times 100}{132}$$ de farine ou

$$\frac{3221^{k},9684 \times 100 \times 100}{132 \times 72} = 3390 \text{ kil. de blé,}$$

ou comme 1 hectol. pèse 78 kil., par

$$\frac{3221,9684 \times 100 \times 100}{132 \times 72 \times 78}$$ hectol. de grains,

qui seront rapportés par

$$\frac{3221,9684 \times 100 \times 100}{132 \times 72 \times 78 \times 20}$$ hectares, ou $2^{ha},17^{a},31^{c},4$, à moins de 0,000001 en moins.

356. 146 mètres, la plus haute des Pyramides; 142 mètres, tour de Strasbourg; 138 mètres, coupole de Saint-Pierre de Rome; 130 mètres, Saint-Michel à Hambourg; 120 mètres, église d'Anvers.

Solution.

Pyramide.	P.	$\dfrac{438}{438}$ P.
Tour de Strasb. .	$\dfrac{71}{73}$ P.	$\dfrac{426}{438}$ P.
Saint-Pierre . . .	$\dfrac{71}{73}$ P. $- 4^{m}$	$\dfrac{426}{438}$ P. $- \dfrac{24^{m}}{6}$
Saint-Michel. . .	$\dfrac{71 \times 5}{73 \times 6}$ P. $- \dfrac{4 \times 5}{6} + 15^{m}$	$\dfrac{355}{438}$ P. $+ \dfrac{70^{m}}{6}$
Église d'Anvers. .	$\dfrac{71 \times 5}{73 \times 6}$ P. $- \dfrac{4 \times 5}{6} + 5^{m}$	$\dfrac{355}{438}$ P. $+ \dfrac{10^{m}}{6}$

$$\text{Donc } 676^{m} = \text{les } \frac{2000}{438} \text{ de la pyr.} + \frac{56^{m}}{6}$$

D'où $676^{m} - \dfrac{56^{m}}{6} = $ les $\dfrac{2000}{438}$ de la hauteur de la pyramide

Par conséquent, la hauteur de la pyramide égale

$$\frac{(676 \times 6 - 56) \times 438}{6 \times 2000} = 146^{m}.$$

Il est facile d'en déduire les hauteurs des quatre autres monuments.

357 *. 43 mètres, colonne Vendôme; 66 mètres, tour Notre-Dame; 79 mètres, Panthéon; 105 mètres, flèche des Invalides; 109 mètres, dôme de Milan.

Solution.

Notre-Dame.....	N.-D.	$\frac{66}{66}$ N.-D.
Colonne Vendôme..	$\frac{5}{6}$ N.-D. -12^{m}	$\frac{55}{66}$ N.-D. -12^{m}
Panthéon......	N.-D. $+13^{m}$	$\frac{66}{66}$ N.-D. $+13^{m}$
Invalides......	$\frac{15}{11}$ N.-D. $+15^{m}$	$\frac{90}{66}$ N.-D. $+15^{m}$
Dôme de Milan....	$\frac{15}{11}$ N.-D. $+19^{m}$	$\frac{90}{66}$ N.-D. $+19^{m}$

Donc, $402^{m} =$ les $\dfrac{367}{66}$ de N.-Dame $+35^{m}$.

D'où $402^{m} - 35^{m} =$ les $\dfrac{367}{66}$ de Notre-Dame.

Par conséquent, la hauteur de Notre-Dame égale

$$\frac{(402-35)\times 66}{367} = 66 \text{ mètres.}$$

De cette hauteur on déduit les hauteurs des autres monuments.

358 **. 5693229^{k},056 de papier peint fabriqué en France; 3795486^{k},037 employé en France; 1897743^{k},019 exporté.

Solution. 2^{f},65 étant le prix de 1 kilog. de papier peint, 5029019 fr. sera le prix de $\dfrac{5029049}{2,65} = 1897743^{k}$,0188; telle est la quantité de papier peint exporté.

* *Nota.* Dans l'énoncé, au lieu de $\dfrac{5}{6} - 8$ m., lisez $\dfrac{5}{6} - 12$ m.

** *Nota.* Dans l'énoncé supprimez le condition inutile : $\dfrac{4}{5}$ de la valeur du papier employé en France surpassent de 3017111^{f},40 la valeur du papier exporté, et ajoutez la question : Combien de kilogrammes ont été employés, combien ont été exportés?

L'exportation étant le $\frac{1}{3}$ de la fabrication, celle-ci est 3 fois l'exportation, ou $1897743^k,0188 \times 3 = 5693229^k,0564$. La différence entre la fabrication et l'exportation donne la quantité employée, $3795486^k,0376$.

359. 2 heures 20 minutes.

Solution. La pièce ayant $0^m,35$ d'équarissage, et chaque planche ayant $0^m,014$ d'épaisseur, il y aura $\frac{0,35}{0,014} = 25$ planches, pour laquelle la scie devra parcourir 24 fois seulement la longueur de la pièce de bois. La scie aura donc à faire 24 fois $1^m,40 = 1^m,4 \times 24$.

Or, comme la scie avance de 120 fois 2 millimètres ou de $0^m,24$ en 1 minute, elle mettra donc $\frac{1^m,4 \times 24}{0,24} = 140$ minutes $= 2$ heures 20 minutes pour scier les 25 planches.

360. $0j,8482$, à peu près $\frac{5}{6}$ de jour.

Solution. La surface des 75 tables égale
$$3,1416 \times (0,36)^2 \times 75.$$
Donc, il faudra $\frac{3,1416 \times (0,36)^2 \times 75}{36} = 0j,8482$ à peu près $\frac{5}{6}$ de jour.

361 *. 4 tours, 6 à peu près.

Solution. Circonférence décrite par l'extrémité des ailes
$$= 2\pi R = 2 \times 3,1416 \times 12 = 75^m,3984.$$
Or, la vitesse du vent étant de $5^m,8 \times 60 = 348^m$ par minute, l'extrémité des ailes devrait parcourir 348 m., et par conséquent elles devraient faire $\frac{348}{75,3984} = 4^t,6$ par minute.

* *Nota.* Ajoutez à l'énoncé : on supposera que la vitesse des extrémités des ailes est la même que celle du vent.

Le maximum du travail produit par un moulin à vent a lieu quand le nombre de tours des ailes, en une minute, est double du nombre de mètres parcourus par le vent en une seconde. Dans le cas actuel, si ce maximum avait lieu, le nombre de tours par minute serait $5,8 \times 2 = 11^t,6$.

362. Première, $5790^t,8$; deuxième, $4747^t,2$.

Solution. La première parcourant $190^m,2$ par minute, parcourra en $1^h,43^m,18^s$ ou $103^m,3...$, $190^m,2 \times 103,3 = 19647^m,66$. La deuxième, pendant le même temps, a parcouru $138^m,6 \times 103,3 = 14317^m,38$.

Or, la circonférence de la première roue

$$= 2\pi R = 2 \times 3,1416 \times 0^m,54 = 3^m,3929.$$

Donc, les roues de la première voiture ont fait

$$\frac{19647,66}{3,3929} = 5790^t,8.$$

La circonférence de la deuxième roue

$$= 2\pi R = 2 \times 3,1416 \times 0^m,48 = 3^m,0159.$$

Donc, les roues de la deuxième voiture ont fait

$$\frac{14317^m,38}{3,0159} = 4747^t,2.$$

363. $18911^f,43$.

Solution. $C = c\left(1 + \dfrac{r}{100}\right)^8 = 12800(1 + 0,05)^8 = 18911^f,43.$

364. $312906^f,7$.

Solution. En désignant l'annuité par A, le capital emprunté par C, l'intérêt annuel d'un franc par r, et le nombre d'années par n, on a pour la formule de l'annuité :

$$A = \frac{Cr(1+r)^n}{(1+r)^n - 1}.$$

Par conséquent, en remplaçant les lettres par les nombres qu'elles représentent, on a :

$$A = \frac{4000000 \times 0,06(1,06)^{25}}{(1,06)^{25} - 1}.$$

En calculant $(1,06)^{25}$ par logarithmes et retranchant 1 du résultat, puis effectuant par logarithmes les opérations indiquées, on obtient pour la valeur d'une annuité $312906^f,7$.

365. $24510^f,99$.

Solution. $C = 15800(1,05)^9$
  log. $15800 = 4,1986571$
  9 log. $1,05 = 0,1907037$
  ———————————————————
  log. C $= 4,3893608$
  D'où C $= 24510^f,99.$

366. $16491^f,65.$

Solution. Cet ouvrier recevra à la fin de la vingtième année la somme des termes de la progression $475(1,05)^{20} : 475(1,05)^{19} : 475(1,05)^{18} \ldots 475(1,05) = 475 \times \dfrac{1,05(1,05^{20}-1)}{0,05}$. Puis en calculant d'abord $1,05^{20}$ par logarithmes, retranchant 1, et effectuant par logarithmes les opérations indiquées, on obtient pour la somme demandée $16491^f,65.$

367. $438^f,49.$

Solution. Comme dans le problème précédent, le capital, à la fin de la vingt-cinquième année, sera $175 \times \dfrac{1,05(1,05^{25}-1)}{0,05}$, c'est-à-dire $8769^f,85$ dont l'intérêt annuel à 5 pour 100 est égal à $438^f,49.$

368. $41628^f,49.$

Solution. Le nombre demandé est égal, d'après la formule de l'intérêt composé, à
$$28536 \text{ fr.}\left(1+\frac{29}{600}\right)^8 = 41628^f,49.$$

369. 14 ans, 2.

Solution. $C(1+r)^n = 2C.$
  D'où $(1+r)^n = 2.$ Par conséquent,
      $n \log. (1,05) = \log. 2.$
Donc, $n = \dfrac{\log. 2}{\log. 1,05} = 14^a,2.$

370. 25220 fr.

Solution. D'après la formule de l'annuité on a

$$A = \frac{Cr(1+r)^n}{(1+r)^n-1} \quad \text{ou} \quad 9261 \text{ fr.} = \frac{C \times 0,05(1,05)^3}{1,05^3-1}$$

D'où

$$C = \frac{9261(1,05^3-1)}{0,05 \times 1,05^3}.$$

En effectuant les calculs, on trouve C = 25220 fr.

371. 201^f,95.

Solution. De 100 kilog. de minerai, on retire 12 kilog. de cuivre moins les $\frac{2}{100}$ de 12 kilog. ou 0^{kg},24 perdus dans l'opération. Il ne reste donc que 11^{kg},76 qui coûtent 18 fr. plus 5^f,75 = 23^f,75. Or, si 11^{kg},76 de cuivre coûtent 23^f,75, 100 kilog. ou 1 quintal coûteront $\frac{23^f,75 \times 100}{11,76} = 201^f,95.$

372. 884 fr.

Solution. 4200 fr. payables dans 4 mois, à 6 p. 100, ne valent aujourd'hui que $4200^f - \frac{4200 \times 4 \times 6}{12 \times 100} = 4116$ fr. Donc cette personne devra ajouter comptant 5000^f—4116 fr. ou 884 fr.

373. 8011^k,682029 d'argent et 2662548^k,994 de plomb.

Solution. 100 kilog. de minerai contiennent 23 kilog. de plomb argentifère;
la perte en plomb 10 p. 100 ou 2^k,3 ;
on en retire donc 20^k,7 ; qui contiennent les 0,003
on 0^k,0621 d'argent. Ainsi
100 kilog. minerai donnent 20^k,7—0^k,0621 = 20^k,6379 de plomb,
et . . . . 0^k,0621 d'argent.
20^k,6379 à 0^f,0055 le kilog. valent 0^f,11350845
0^k,0621 à 222^f,22 le kilog. — 13^f,799862
valeur produite par 100^k de minerai 13^f,91337045.

Si 13^f,91337045 est la valeur produite par 100 kil. de minerai, 1795000 fr. seront produits par

$$\frac{100^k \times 1795000}{13,91337045} = 12901259^k,306.$$

100 kilog. minerai fournissant 20^k,6379 de plomb et 0^k,0621 d'argent, 12901259^k,306 fournissent

$$\frac{20^k 6379 \times 12901259,306}{100} = 2662548^k,994312974 \text{ de plomb,}$$

et
$$\frac{0^k,0621 \times 12901259,306}{100} = 8011,682029026 \text{ d'argent.}$$

374. 1° 63^f,73; 2° 57^f,78. Balance, 5^f,95.

Solution.

1°   875 fr. à 5 p. 100 en 72 jours rapportent   8^f,75 } 10^f,21
                            — 12   —   —   1 ,46
        486   à 4 p. 100 — 90   —   —   4 ,86 }
                            — 15   —   —   0 ,84 } 5 ,724
                            — 1   —   —   0 ,054 }
        532   à 5 p. 100 — 72   —   —   5 ,32 }
                            — 18   —   —   4 ,33 } 6 ,80
                            — 2   —   —   0 ,15 }
        678   à 5 p. 100 — 72   —   —   6 ,78 }
                            — 12   —   —   4 ,13 }
                            — 4   —   —   0 ,38 } 8 ,38
                            — 1   —   —   0 ,09 }
       1044   à 6 p. 100 — 60   —   —   10 ,44 }
                            — 15   —   —   2 ,61 } 13 ,57
                            — 3   —   —   0 ,52 }
        902   à 4 p. 100 — 90   —   —   9 ,02 } 9 ,62
                            — 6   —   —   0 ,60 }
        754   à 6 p. 100 — 60   —   —   7 ,54 } 9 ,425
                            — 15   —   —   1 ,885 }
                                            Escompte total. . . . . 63^f,73
2°   542   à 4 p. 100 — 90 jours rapportent   5^f,42 } 6^f,44
                            — 10   —   —   0 ,60 }
                            — 2   —   —   0 ,12 }
        947   à 5 p. 100 — 72   —   —   9 ,47 }
                            — 24   —   —   3 ,15 } 12 ,88
                            — 2   —   —   0 ,26 }
        845   à 4 p. 100 — 90   —   —   8 ,45 } 10 ,14
                            — 18   —   —   1 ,69 }

On trouve de même :

       que 746 fr. à 6 p. 100 en 91 jours rapportent   11^f,31
       que 573   à 5 p. 100 — 74   —   —   5 ,89
       que 348   à 6 p. 100 — 48   —   —   2 ,78
enfin que 942   à 6 p. 100 — 55   —   —   8 ,64
                                   Escompte total. . .   57^f,78
                                   Balance . . . .   5^f,95

375. 7575 fr.

Solution. 300 livres sterling à 25^f,25 la livre valent
$$25^f,25 \times 300 = 7575 \text{ fr.}$$

376. 400 livres sterling.

Solution. Une livre étant estimée 25^f,35, il y aura autant de livres qu'il y a de fois 25^f,35 dans 10140 fr., c'est-à-dire 400 livres.

377. 1179^f,26.

Solution.   100 fr. à Bâle valent 99,5 à Paris.

27 liv. suisses, ou 40 fr. — — $\dfrac{99,5 \times 40}{100}$ —

800   —   — $\dfrac{99,5 \times 40 \times 800}{100 \times 27} = 1179^f,26.$

378. 18696^f,05.

Solution. $\dfrac{18790^f \times 99,5}{100} = 18696^f,05.$

379. 1414^f,40.

Solution. $\dfrac{1280 \times 110,50}{100} = 1414^f,40.$

380. 25099$^{liv.}$,13 de Gênes.

Solution. 5 fr. valent 6 livres de Gênes ;

800 fr. ou 207 rixdalers, valent $\dfrac{6^l \times 800}{5}$

5412 — — $\dfrac{6^l \times 800 \times 5412}{5 \times 207} = 25099^l \dfrac{3}{23}$

ou 25099^l,13.

APPLICATIONS A LA GÉOMÉTRIE, A LA PHYSIQUE, A LA MÉCANIQUE ET A LA CHIMIE.

381. 49° 16′.

Solution.

Le troisième angle $= 180° - (46° 18′ + 84° 26′) = 49° 16′.$

382. $41^\circ 52' 42''$.

Solution. L'angle cherché $= 90^\circ - 48^\circ 8' 18'' = 41^\circ 52' 42''$.

383. $39^\circ 55' 8''$ et $31^\circ 19' 45''$.

Solution. La somme des deux autres
$$= 180^\circ - 108^\circ 45' 7'' \text{ ou } 71^\circ 14' 53''.$$
Or, puisque la somme des deux angles cherchés égale $71^\circ 14' 53''$ et leur différence $8^\circ 35' 23''$, le plus grand des deux égale donc
$$\frac{71^\circ 14' 53'' + 8^\circ 35' 23''}{2} = 39^\circ 55' 8''$$
et le plus petit
$$\frac{71^\circ 04' 53'' - 8^\circ 35' 23''}{2} = 31^\circ 39' 45''.$$

384. $47^\circ 43' 16''$ et $42^\circ 16' 44''$.

Solution. La somme des deux angles cherchés étant de 90° et la différence de $5^\circ 26' 32''$, le plus grand de ces deux angles égale
$$\frac{90^\circ + 5^\circ 26' 32''}{2} = 46^\circ 43' 16''$$
et le plus petit
$$\frac{90^\circ - 5^\circ 26' 32''}{2} = 42^\circ 16' 44''.$$

385. 30 droits.

Solution. La somme des angles d'un polygone
$$= (n-2) \, 2^{\text{d}}.$$
Donc, somme demandée $= 2^{\text{d}} \times 15 = 30$ droits.

386. 15 côtés.

Solution. $(n-2) \times 2^{\text{d}} = 26^{\text{d}}$; $n-2 = 13$; $n = 13 + 2 = 15$.

387. 1° 3 côtés $\dfrac{2^{\text{d}}}{3}$ $\Big\|$ 7 côtés $\dfrac{10^{\text{d}}}{7}$

4 — 1 $\Big\|$ 8 — $\dfrac{3^{\text{d}}}{2}$ 2° Limite maximum, 2

5 — $\dfrac{6}{5}$ $\Big\|$ 9 — $\dfrac{14}{9}$ droits, lorsque le poly-

6 — $\dfrac{4}{3}$ $\Big\|$ 10 — $\dfrac{8}{5}$ gone a une infinité de

      etc.   côtés.

5.

Solution. 1° La somme de tous les angles est $(n-2)\times 2^d$;
Si les n angles au sommet valent ensemble $(n-2)\times 2^d$,

$$1 \text{ seul vaut } n \text{ fois moins ou } \frac{(n-2)\times 2^d}{n}.$$

D'où on déduit les résultats indiqués.

2° La formule peut encore s'écrire $\dfrac{2n^d-4^d}{n}=2^d-\dfrac{4^d}{n}$; à mesure que n croît, la fraction $\dfrac{4}{n}$ diminue et quand n croît indéfiniment, cette fraction tend indéfiniment vers zéro. L'angle au sommet tend alors indéfiniment à se réduire à 2^d.

388. 1° 3 côtés $\dfrac{4^d}{3}$ ⎪⎪ 7 côtés $\dfrac{4}{7}$

4 — 1 ⎪⎪ 8 — $\dfrac{1}{2}$

5 — $\dfrac{4}{5}$ ⎪⎪ 9 — $\dfrac{4}{9}$

6 — $\dfrac{2}{3}$ ⎪⎪ etc.

2° Lorsque le polygone régulier a une infinité de côtés, l'angle est infiniment petit.

389. Dans le carré, l'angle au centre est égal à l'angle au sommet.

Solution. Angle au centre $=\dfrac{4^d}{n}$; angle au sommet $=2^d-\dfrac{4^d}{n}$; donc l'angle au centre est égal à l'angle au sommet, quand le $n^{\text{ième}}$ de $4^d=2^d-$ le $n^{\text{ième}}$ de 4^d, ou quand les 2 $n^{\text{ièmes}}$ de $4^d=2^d$, ou quand le $n^{\text{ième}}$ de $4^d=1^d$; ce qui a lieu, quand $n=4$; c'est-à-dire quand le polygone est un carré.

390. $46°18'12''$, moitié de l'arc intercepté.

391. $28^m,37$.

Solution. Arc $=\dfrac{156^m\times 65°28'15''}{360°}=\dfrac{156^m\times 235695}{360\times 3600}=28^m,37$.

392. $51°36'40''$.

Solution. Angle $=\dfrac{84°14'34''+18°58'46''}{2}=51°36'40''$.

393. $35^m,554$.

394. $41° 5' 3'',5$.

Solution. Angle $= \dfrac{107° 23' 46'' - 25° 13' 9''}{2} = 41° 5' 3'',5$.

395. $22^m,537$.

396. $269^m,48$, c'est-à-dire $\sqrt{128,45^2 + 236,9^2}$ mètres.

397. $197^m,47$, c'est-à-dire $\sqrt{218,15^2 - 92,70^2}$ mètres.

398 *. 108^m et 72^m.

Solution.

$$b^2 + c^2 = 16848$$

et

$$b^2 + c^2 - 2bc = 1296$$

donc, en retranchant

$$2bc = 15552$$

à $b^2 + c^2 = 16848$

j'ajoute $2bc = 15552$

la somme $(b+c)^2 = 32400$

d'où $b+c = \sqrt{32400} = 180$

de plus $b-c = \sqrt{1296} = 36$

Ayant la somme et la différence on est ramené à un problème connu et on trouve :

$$b = \frac{180+36}{2} = 108; \quad c = \frac{180-36}{2} = 72.$$

399. $96^m,032$.

Solution. $x^2 = 124,35^2 + 98,72^2 - 2 \times 124,35 \times 64,28$,
$= 98,72^2 - 124,35 \times (128,56 - 124,35) = 98,72^2 - 124,35 \times 4,21$
$= 9222,1249$.

d'où $x = \sqrt{9222,1249} = 96,032$.

400. $70^m,442$.

Solution. La droite qui unit le sommet de l'angle droit au milieu de l'hypoténuse d'un triangle rectangle est égale à la moitié

* *Nota.* Dans l'énoncé supprimez : l'un des côtés de l'angle droit étant les $\frac{2}{3}$ de l'autre.

de cette hypoténuse, puisque cette droite est un rayon, et l'hypoténuse un diamètre de la circonférence qui passe par les trois sommets du triangle.

401. 269^m,969.

402. 422^m,905.

Solution. On a : $a^2 + b^2 = 2m^2 + 2 \times \left(\dfrac{c}{2}\right)^2$

ou, en remplaçant les lettres par les nombres donnés,
$$548^2 + 375^2 = 2m^2 + 2 \times 204^2,$$

d'où
$$m^2 = \frac{548^2 + 375^2 - 2 \times 204^2}{2} = \frac{357697}{2}.$$

Donc
$$m = \sqrt{178848,5} = 422^m,914.$$

403. 2043^m,973 et 1498^m,914.

Solution. En appelant x l'une des demi-diagonales, l'autre est $\dfrac{11x}{15}$, et on a : $a^2 + b^2 = 2x^2 + 2\left(\dfrac{11x}{15}\right)^2 = \dfrac{2x^2 \times 346}{225}$

ou, en remplaçant les lettres par les nombres donnés,
$$1528^2 + 936,75^2 = 2x^2 \times \frac{346}{225},$$

d'où
$$x^2 = \frac{(1528^2 + 936,75^2)225}{2 \times 346},$$

Donc,
$$x = \sqrt{\frac{3212284,5625 \times 225}{692}} = 1021^m,9866.$$

Donc la 1re diagonale soit D $= 1021^m,9866 \times 2 = 2043^m,9732$.

Par suite, la 2me $d = \dfrac{2043^m,9732 \times 11}{15} = 1498,914.$

404. 47^m,492.

Solution. Dans un triangle rectangle, la somme des deux côtés de l'angle droit surpasse l'hypoténuse de 2 fois le rayon du cercle inscrit, donc
$$2R = 123 + 257 - \sqrt{123^2 + 256^2},$$

d'où $R = \dfrac{123 + 256 - \sqrt{123^2 + 256^2}}{2} = \dfrac{379 - 284,016}{2} = 47^m,492.$

405. 908^m,561.

Solution. $D = c\sqrt{2} = 642^m,45 \times 1,414213 = 908^m,561.$

406. 176^m,013.

407 *. 48^m,47.

Solution. $C^2 + c^2 = D^2,$

ou $\qquad c^2 = D^2 - C^2 = (D+C)(D-C)$
$\qquad\qquad c^2 = (2 \times 38)^2 - 58,54^2 = 134,54 \times 17,46$

d'où $\qquad\qquad c = \sqrt{134,54 \times 17,46} = 48^m,47.$

408 Hypoténuse 299^m,0361.

Solution La perpendiculaire abaissée du sommet de l'angle droit est moyenne proportionnelle entre les deux segments de l'hypoténuse.

Donc $\qquad S \times \dfrac{4S}{7} = p^2 \text{ ou } \dfrac{4S^2}{7} = p^2.$

D'où $\qquad S^2 = \dfrac{p^2 \times 7}{4} = \dfrac{143,85^2 \times 7}{4}$

et $\qquad S = \dfrac{143^m,85 \times \sqrt{7}}{2} = 190^m,2957$

Par suite, $\qquad h = \dfrac{190^m,2957 \times 11}{7} = 299^m,0361.$

409. 189^m,76.

Solution. $c^2 + x^2 = 2\left(\dfrac{D}{2}\right)^2 + 2\left(\dfrac{d}{2}\right)^2 = \dfrac{D^2 + d^2}{2}.$

ou $\qquad 438,20^2 + x^2 = \dfrac{572,4^2 + 358,35^2}{2}.$

D'où $\qquad x^2 = \dfrac{572,4^2 + 358,35^2 - 2 \times 438,20^2}{2} = 36009,00175.$

Donc $\qquad x = \sqrt{36009,00175} = 189^m,76.$

410 **. 272^m,89.

* *Nota.* Dans l'énoncé, au lieu de 85^m,54, lisez 58^m,54.

** *Nota.* On suppose que le segment donné est compris entre la bissectrice et le plus petit côté.

Solution. D'après le théorème connu, les deux côtés connus sont entre eux comme les deux segments du côté inconnu.

Donc, on a

$$\frac{524,9}{345,64} = \frac{x}{108,35}$$

d'où

$$x = \frac{524,9 \times 108,35}{345,64} = 164^m,54.$$

Par conséquent, le côté inconnu $= 108^m,35 + 164^m,54 = 272^m,89$.

411 *. $460^m,5$.

Solution. Il résulte de l'énoncé que les deux segments sont entre eux comme 3 est à 4. En appelant x le côté cherché on a, d'après le théorème connu :

$$\frac{x}{614} = \frac{3}{4}, \text{ d'où } x = \frac{614 \times 3}{4} = 460^m,5.$$

412. $282^m,34$.

Solution. La sécante entière ayant $348^m,25$ et la partie de cette sécante comprise dans le cercle, $119^m,34$, la partie extérieure est égale à

$$348^m,25 - 119^m,34 = 228^m,91.$$

Or, la tangente étant moyenne proportionnelle entre la sécante entière et sa partie extérieure, l'on a

$$x^2 = 348^m,25 \times 228^m,91,$$

d'où

$$x = \sqrt{79717,9075} = 282^m,34.$$

413. $130^m,52$.

Solution. $C = R\sqrt{3} = 75^m,36 \times 1,7320 = 130^m,52$.

414. $247^m,27$.

Solution. $R = \frac{c}{\sqrt{3}} = \frac{428,28}{1,73205} = 247^m,27$.

415 $h^2 = a^2 - \frac{a^2}{4} = \frac{3a^2}{4}$, d'où $h = \frac{a\sqrt{3}}{2} = 203^m,13$.

---

* *Nota.* On suppose que le plus grand segment est intercepté par la bissectrice et par le côté connu, égal à 614 m.

416. $1°\ h = \dfrac{2\sqrt{p(p-a)(p-b)(p-c)}}{a}$;

$2°$ *Application* $h = 253^m,95$.

Solution. D'après une formule connue, la surface.

$$S = \sqrt{p(p-a)(p-b)(p-c)};$$

d'autre part, h étant la hauteur correspondante au côté a, on a

$$S = \frac{ah}{2}$$

donc $\qquad \dfrac{ah}{2} = \sqrt{p(p-a)(p-b)(p-c)}$

d'où $\qquad h = \dfrac{2\sqrt{p(p-a)(p-b)(p-c)}}{a}$

Application. $p = \dfrac{a+b+c}{2} = \dfrac{428+375+296}{2} = 549,5$

$$p-a = 549,5 - 428 = 121,5$$
$$p-b = 549,5 - 375 = 174,5$$
$$p-c = 549,5 - 296 = 253,5$$
$$\overline{\hphantom{p-c = }549,5}$$

$$h = \dfrac{2\sqrt{549,5 \times 121,5 \times 174,5 \times 253,5}}{428}$$

$$h = 253^m,95.$$

417. $216^m,3746.$

Solution. $c = R\sqrt{2} = 153^m \times 1,4142136 = 216^m,3746.$

418. $48^m,166.$

Solution. Cir. $= 2\pi R$, d'où $R = \dfrac{\text{cir.}}{2\pi}$.

Côté du carré $= R\sqrt{2} = \dfrac{\text{cir.}\sqrt{2}}{2\pi} = \dfrac{214 \times 1,44421}{6,2832} = 48^m,166.$

419. $90^m,232.$

Solution. Le côté du décagone régulier est égal au rayon du cercle dans lequel il est inscrit divisé en moyenne et extrême raison.

Donc

$$c = \frac{R}{2}\left(\sqrt{5}-1\right) = \frac{146}{2} \times 1{,}23606 = 90^m{,}232.$$

420. $159^m{,}62.$

Solution. $c = \dfrac{R}{2}\left(\sqrt{5}-1\right)$; d'où $2c = R\left(\sqrt{5}-1\right).$

Donc $\quad R = \dfrac{2c}{\sqrt{5}-1} = \dfrac{2 \times 98{,}65}{1{,}23606} = 159^m{,}62.$

421. $126^m{,}964.$

Solution. On prouve en géométrie que le côté du pentagone régulier inscrit dans un cercle dont le rayon est R est égal à

$$\frac{R}{2}\sqrt{10-2\sqrt{5}}.$$

Donc, dans le problème proposé

$$c = 54\sqrt{10-2\times 2{,}23606} = 126^m{,}964.$$

422. Carré; $r = \dfrac{1}{2}\sqrt{2} = 0{,}7071$; — Triangle équilatéral : $r = \dfrac{1}{2} = 0{,}5$; — Pentagone régulier : $r = \dfrac{1}{4}\left(1+\sqrt{5}\right) = 0{,}8090$; — Hexagone : $r = \dfrac{\sqrt{3}}{2} = 0{,}8660$; — Décagone : $r = \dfrac{1}{2}\sqrt{\dfrac{5+\sqrt{5}}{2}} = 0{,}9510$; — Dodécagone : $r = \dfrac{1}{2}\sqrt{2+\sqrt{3}} = 0{,}9659.$

Solution. La géométrie fournit la formule générale :

$$r = \sqrt{R^2 - \frac{c^2}{4}} = \frac{1}{2}\sqrt{4R^2-c^2}$$

en appelant r le rayon du cercle inscrit,

$\quad\quad$ R $\quad$ — $\quad$ — $\quad$ circonscrit,

$\quad\quad c$ le côté du polygone régulier.

Pour R $= 1$, cette formule devient :

$$r = \frac{1}{2}\sqrt{4-c^2}.$$

Côtés pour $R = 1$

Carré. $c^2 = 2$	$r = \frac{1}{2}\sqrt{4-2} = \frac{1}{2}\sqrt{2} = 0{,}7071$
Tr. éq. $c^2 = 3$	$r = \frac{1}{2}\sqrt{4-3} = \frac{1}{2} = 0{,}5$
Pent. $c^2 = \dfrac{5-\sqrt{5}}{2}$	$r = \frac{1}{2}\sqrt{4-\dfrac{5-\sqrt{5}}{2}} = \frac{1}{4}\left(1+\sqrt{5}\right) = 0{,}8090$
Hexag. $c^2 = 1$	$r = \frac{1}{2}\sqrt{4-1} = \frac{1}{2}\sqrt{3} = 0{,}8660$
Décag. $c = \frac{1}{2}\left(\sqrt{5}-1\right)$ $c^2 = \frac{1}{2}\left(3-\sqrt{5}\right)$	$r = \frac{1}{2}\sqrt{4-\frac{1}{2}\left(3-\sqrt{5}\right)} = \frac{1}{2}\sqrt{\dfrac{5+\sqrt{5}}{2}} = 0{,}9510$
Dodéc. $c^2 = 2-\sqrt{3}$	$r = \frac{1}{2}\sqrt{4-2+\sqrt{3}} = \frac{1}{2}\sqrt{2+\sqrt{3}} = 0{,}9659$

423. $615^m,75$.

Solution. Contour $= 2\pi R = 2\times 3{,}1416\times 98^m = 615^m,75$.

424. $130^m,1$.

Solution. Deux circonférences sont entre elles comme leurs rayons, la circonférence cherchée aura donc un rayon égal à la somme des rayons des deux circonférences cherchées.

425. 20 mètres.

Solution. Le côté du cube cherché est égal à
$$\sqrt[3]{40\times 20\times 10} = \sqrt[3]{8000} = 20 \text{ mètres.}$$

426. $91^m,26$.

Solution. $d = \sqrt{a^2+b^2+c^2} = \sqrt{75^2+48^2+20^2} = 91^m,26$.

427. $65^m,51$.

Solution. a étant le côté d'un cube, le côté d'un cube double $2a^3$ sera égal à
$$\sqrt[3]{2a^3} = a\sqrt[3]{2}.$$
Donc, côté cherché $= 52^m\times 1{,}2599 = 65^m,51$.

428. 350,478.

Solution. Base $= \dfrac{82642}{236} = 350^m,478$.

429 *. 65,545.

Solution. Surface du parallélogramme $= 103 \times 98 = 154 \times x$, donc la hauteur cherchée $x = \dfrac{103 \times 98}{154} = 65,545$.

430. Base, 49 mètres, hauteur, 41,143
         Base, 52   —   hauteur, 38,769

Solution. Double de la surface du triangle $= 72 \times 28$. Donc les deux hauteurs seront

$$\frac{72 \times 28}{49} \quad \text{et} \quad \frac{72 \times 28}{52}.$$

431. 273,68.

Solution. Côté du carré cherché $= \sqrt{428 \times 175} = 373,68$.

432. $62^{ha}78^a,75$.

Solution. Contour du pré $= 648 \times 5$, somme des deux dimensions $= \dfrac{648 \times 5}{2}$. Or cette somme est les $\dfrac{12}{7}$ de la longueur ; par suite la largeur $= \dfrac{648 \times 5 \times 7}{2 \times 12} = 135 \times 7 = 945$ mètres,

la largeur qui en est les $\dfrac{5}{7}$ aura $\dfrac{945 \times 5}{7} = 675$ mètres.

433. $1^o \dfrac{1123}{1040}$; 2° $172^m,77$ et 160 mètres.

434. $224^m,98$.

Solution. Le côté du carré $= \sqrt{\dfrac{342 \times 296}{2}}$.

---

* *Nota.* Dans l'énoncé lisez : La distance entre les côtés de 98 mètres est de 103 mètres.

435. $4^{ha}44^{a},96$.

Solution. On démontre en géométrie que la surface d'un triangle circonscrit à un cercle est égale au périmètre multiplié par la moitié du rayon du cercle.

Donc, surface cherchée $= 864 \times \dfrac{103}{2} = 4^{ha}44^{a},96$.

436. $174^{m},86$.

Solution. $S = \dfrac{B+b}{2} \times H$ ou $54208 = \dfrac{342+278}{2} \times H = 310 H$;

d'où $H = \dfrac{54208}{310} = 174^{m},86$.

437 *. 703 mètres.

Solution. $B = \dfrac{2S}{H} - b = \dfrac{2 \times 206256}{429,7} - 257 = 703$ mètres.

438 **. 1° $48781^{f},30$; 2° $339^{hl},63$.

Solution. Le nombre de sillons est égal à $\dfrac{321}{0,60}$. Donc, le nom-

bre d'hectolitres de tubercules est $\dfrac{321 \times 9,70}{0,60}$.

Par conséquent, la valeur est

$$\dfrac{321 \times 9,7 \times 9^{f},40}{0,60} = 48781^{f},30.$$

D'un autre côté, puisque $15^{ha},2796$ rapportent $\dfrac{321 \times 9,70}{0,60}$

hectolitres de tubercules,
1 hectare rapporte

$$\dfrac{321 \times 9,7}{0,60 \times 15,2796} = 339^{hl},63.$$

439. $896^{f},51$.

Solution. La surface du champ est égale à

$$\dfrac{428+275}{2} \times 246 = 86469 \text{ mètres carrés.}$$

---

* *Nota.* Ajoutez à l'énoncé : La hauteur a $429^{m},7$.

** *Nota.* Au lieu de 15 ares 27 ares, lisez dans l'énoncé 15 hectares 27 ares et supposez que les sillons sont dans le sens de la longueur.

92 SOLUTIONS

Donc l'engrais mis dans le champ est de 86469 litres, dont le poids est $86469^{\text{lit}} \times 0,768$

et la valeur $\dfrac{86469 \times 0,768 \times 1^{f},35}{100} = 896^{f},54.$

440. 1° $88^{\text{ha}}59^{\text{a}}20^{\text{ca}}$; 2° 1er : $35^{\text{ha}}43^{\text{a}}68^{\text{ca}}$; 2d : $31^{\text{ha}}00^{\text{a}}72^{\text{ca}}$; 3e $22^{\text{ha}}14^{\text{a}}80^{\text{ca}}$.

Solution. Le premier triangle aura pour surface :

$$\dfrac{1265,6 \times 560}{2} \text{ mètres carrés} = 35^{\text{La}}43^{\text{a}}68^{\text{ca}};$$

Celle du second, qui en est les $\dfrac{7}{8}$:

$$\dfrac{1265,6 \times 560 \times 7}{2 \times 8} \text{ mètres carrés} = 31^{\text{ha}}00^{\text{a}}72^{\text{ca}};$$

Celle du troisième, qui est les $\dfrac{5}{8}$ du premier :

$$\dfrac{1265,6 \times 560 \times 5}{2 \times 8} \text{ mètres carrés} = 22^{\text{ha}}14^{\text{a}}80^{\text{ca}},$$

Et l'aire totale sera la somme $88^{\text{ha}}59^{\text{a}}20^{\text{ca}}$.

441. $92^{f},61.$

Solution. La hauteur du mur étant le côté de l'angle droit d'un triangle rectangle dont l'échelle est l'hypoténuse, et la distance du pied du mur au pied de l'échelle l'autre côté de l'angle droit, on aura

$$h = \sqrt{2,072^{2} - 0,672^{2}} = 1^{m},96.$$

Par conséquent la surface peinte sera exprimée par $1^{m},96 \times 15$, et le prix de la peinture par

$$1^{m},96 \times 15 \times 3^{f},15 = 92^{f},61.$$

442. $717^{f},07.$

Solution. On démontre en géométrie que l'aire d'un hexagone régulier s'obtient par la formule

$$\dfrac{c^{2}\sqrt{3} \times 3}{2}.$$

Donc la surface d'un carreau est égale à $\dfrac{0,2^{2} \times 3\sqrt{3}}{2}.$

Par conséquent le carrelage se compose de

$$\frac{18\times 9,20\times 2}{0,2^2\times 3\times \sqrt{3}}$$ carreaux, ou en simplifiant, $920\sqrt{3}$.

Le prix du carrelage sera donc

$$920\sqrt{3}\times 0,45^f = 414\sqrt{3} = 414\times 1,73205 = 717^f,07.$$

443. 11 mètres.

Solution.

Le périmètre du bassin est évidemment égal à $\dfrac{580,80}{8,40}$.

Or, comme la longueur d'une circonférence est exprimée par $2\pi R$, on a donc

$$2\pi R = \frac{580,80}{8,40}.$$

D'où $R = \dfrac{580,80}{8,40\times 2\pi} = \dfrac{580,80\times 7}{8,40\times 2\times 22} = 11$ mètres.

444. Une figure étant indispensable pour l'intelligence du problème, nous laissons au lecteur le soin d'en faire une à son gré.

445. 55223^f,31.

Solution. Surface de la cour $= \pi R^2$ ou $\pi\times 18,75^2$.

Surface d'une tête de pavé $= 0,15\times 0,12$ mètres carrés.

Donc le nombre de pavés nécessaires au pavage de la cour est de

$$\frac{\pi\times 18,75^2}{0,15\times 0,12},$$

dont le prix sera

$$\frac{\pi\times 18,75^2\times 0,90}{0,15\times 0,12} = \pi\times 17578,125 = 55223^f,31.$$

446 *. 122497$^{m.q.}$,0025.

Solution. Dans un triangle rectangle la somme des deux côtés

* *Nota.* Ajoutez à l'énoncé : et l'hypoténuse ayant 508 mètres.

de l'angle droit surpasse l'hypoténuse de 2 fois le rayon du cercle inscrit. Donc la somme des 2 côtés de l'angle droit

$$= 508^m + 178^m,45 \times 2 = 864^m,9.$$

Par suite, le périmètre du triangle

$$= 864^m,9 + 508 = 1372^m,9.$$

Or la surface est égale au périmètre $\times \frac{r}{2}$.

Donc

$$\text{Surface} = \frac{1372,9 \times 178,45}{2} = 122497^{m.q},0025.$$

447. $46585^{m.q},24.$

Solution. Surface $= \dfrac{c^2\sqrt{3}}{4} = \dfrac{328^2 \times 1,7320508}{4}$
$$= 164^2 \times 1,7320508 = 46585^{m.q},24.$$

448. $12824^{m.q},46.$

Solution. Surface $= \sqrt{p(p-a)(p-b)(p-c)}$
$$= \sqrt{319,5 \times 183,5 \times 114,5 \times 21,5} = 12824^{m.q},46.$$

449. 276113 mètres carrés.

Solution. Surface $= \dfrac{3a^2\sqrt{3}}{2} = 276113$ mètres carrés.

450. $196^m,377.$

Solution. $x = \sqrt{a^2 + b^2 + c^2} = \sqrt{148^2 + 98^2 + 84^2}.$

451. 194 mètres.

Solution. Le triangle proposé est la moitié d'un parallélogramme de même base et de même hauteur, et la somme des distances demandée est précisément la hauteur de ce parallélogramme, en prenant pour base le côté de 128 mètres.

Donc on a

$$x = \frac{12416 \times 2}{128} = 194 \text{ mètres}.$$

452. Grand triangle $= 43452^{m.q},5070,$
Petit triangle $= 40242^{m.q},5070.$

Solution. En représentant la hauteur du grand triangle par H et celle du petit par h, on a la proportion

$$\frac{276}{134} = \frac{H}{h}; \text{ d'où } \frac{276-134}{276} = \frac{H-h}{H};$$

donc, puisque $H - h = 162$,

$$H = \frac{276 \times 162}{276 - 134} = 314^m,873239.$$

Par suite,

$$h = 314,8732 - 162 = 152^m,873239.$$

Par conséquent,

$$\text{aire du grand triangle} = 314,873239 \times \frac{276}{2} = 43452^{m,q},5070$$

$$\text{et aire du petit triangle} = 152,373239 \times \frac{134}{2} = 10242^{m,q},5070.$$

453. $53^m,468.$

Solution. La hauteur du triangle étant représentée par H, la base par B et le côté du carré par C, on a

$$\frac{C}{H-C} = \frac{B}{H} \text{ ou } \frac{C}{H} = \frac{B}{H+B}; \text{ d'où } C = \frac{H \times B}{H+B} = 53^m,468.$$

454. $28188^{m,q},30.$

Solution. Aire $=$ périmètre $\times \dfrac{\text{apothème}}{2}$.

Soient c, R, r, le côté, le rayon du cercle circonscrit, et celui du cercle inscrit; on a

$$\text{périmètre} = 5c.$$

$$c^2 = \frac{R^2(5-\sqrt{5})}{2}, \text{ d'où } R^2 = \frac{2c^2}{5-\sqrt{5}} = c^2 \times \frac{2(5 \times \sqrt{5})}{20} = c^2 \times \frac{5+\sqrt{5}}{10}$$

$$\text{d'autre part } r = \sqrt{R^2 - \frac{c^2}{4}} = \sqrt{c^2 \times \frac{5+\sqrt{5}}{10} - \frac{c^2}{4}}$$

$$= \sqrt{c^2 \times \frac{10+2\sqrt{5}-5}{20}} = \frac{c}{2}\sqrt{\frac{5+2\sqrt{5}}{5}},$$

d'où l'aire

$$= 5c \times \frac{c}{4}\sqrt{\frac{5+2\sqrt{5}}{5}} = \frac{c^2}{4} \times 5\sqrt{\frac{5+2\sqrt{5}}{5}} = \left(\frac{c}{2}\right)^2 \times \sqrt{5(5+2\sqrt{5})}$$

$$= 64^2 \times \sqrt{5(5+2\sqrt{5})} = 4096 \times 6,881910 = 28188,30 \text{ mèt. carrés.}$$

455. Surface du décagone . . . $817709^{m.q.},74$
— dodécagone . . $1189882^{m.q.},29$

Solution. Aire du décagone $=$ périmètre $\times \dfrac{\text{apothème}}{2}$

1° Décagone : périmètre $= 10c$

$$c = \frac{R(\sqrt{5}-1)}{2}, \text{ d'où } R = \frac{20}{\sqrt{5}-1} = c \times \frac{\sqrt{5}+1}{2}, \text{ et } R^2 = c^2 \times \frac{6+2\sqrt{5}}{4}$$

d'autre part $r = \sqrt{R^2 - \dfrac{c^2}{4}} = \sqrt{c^2 \times \dfrac{6+2\sqrt{5}-1}{4}} = \dfrac{c}{2}\sqrt{5+2\sqrt{5}}$
d'où l'aire

$$= \frac{c}{4}\sqrt{5+2\sqrt{5}} \times 10c = \left(\frac{c}{2}\right)^2 \times 10\sqrt{5+2\sqrt{5}} = 163^2 \times 10\sqrt{5+2\sqrt{5}}$$

$$= 163^2 \times 10\sqrt{5+2\times 2,2360680} = 817709,74.$$

2° Dodécagone : périmètre $= 12c$

$$c^2 = R^2(2-\sqrt{3}), \text{ d'où } R^2 = \frac{c^2}{2-\sqrt{3}} = c^2\frac{2+\sqrt{3}}{1},$$

d'autre part $r = \sqrt{R^2 - \dfrac{c^2}{4}} = \sqrt{c^2\dfrac{2+\sqrt{3}}{1} - \dfrac{c^2}{4}} = \dfrac{c}{2}\sqrt{7+4\sqrt{3}},$

d'où l'aire $= 12c \times \dfrac{c}{4}\sqrt{7+4\sqrt{3}} = 12\left(\dfrac{c}{2}\right)^2\sqrt{7+4\sqrt{3}}.$

On peut se servir immédiatement de cette formule ; mais on peut aussi la simplifier en remarquant que $7+4\sqrt{3} = 4+4\sqrt{3}+3 = (2+\sqrt{3})^2$ dont la racine est $2+\sqrt{3}$; ce qui donne pour la formule de l'aire :

$$\text{Aire} = 12\times\left(\frac{c}{2}\right)^2\times(2+\sqrt{3}) = 12\times 26569\times(2+1,7320508)$$

$$= 1189882,29 \text{ mètres carrés.}$$

456. $48^m,296.$

Solution. Cercle $= \pi R^2.$

D'où $R^2 = \dfrac{7328}{3,1416}$ et $R = \sqrt{\dfrac{7328}{3,1416}} = 48^m,296.$

457. $11^{m.q.},8437.$

Solution. 60° étant le $\frac{1}{6}$ de 360°, l'aire du secteur demandé

$= \frac{1}{6}$ de l'aire du cercle ou $\dfrac{\pi R^2}{6} = \dfrac{3,1416 \times 4,75^2}{6} = 11^{m.q.},8437,$

458. $2^{m.q.},0439.$

Solution. L'aire du segment cherché est égale à l'aire du secteur, moins l'aire du triangle équilatéral qui a pour base la corde qui sous-tend l'arc de 60°. Or, cette corde est égale au rayon.

Donc, surface du triangle $= \dfrac{R^2 \sqrt{3}}{4} = 9^{m.q.},7698.$

459. $8792^{m.q.},80.$

Solution. Surface d'un secteur $=$ la longueur de l'arc $\times$ la moitié du rayon.

Donc, secteur cherché $= \dfrac{\pi R^2 \times 54,47555}{360} = 8792^{m.q.},80.$

460. $0^m,092.$

Solution.
$$2\pi R = 4^m,30$$
$$2\pi r = 3^m,72$$
donc
$$2\pi (R - r) = 0^m,58$$
et par suite l'épaisseur $R - r = \dfrac{0,58}{2\pi} = \dfrac{0,58}{2 \times 3,14} = 0^m,092.$

461. $5365^{m.q.},84.$

Solution.

Surface de la couronne est égale à $\pi R^2 - \pi r^2 = \pi(R^2 - r^2)$
$= \pi(R + r)(R - r) = \pi \times 122 \times 14 = \pi \times 1708 = 3,141593 \times 1708$
$= 5365,84.$

462. $18476^{m.q.},04.$

Solution.　Surface du triangle $= 18197^{m.q.},35$
Surface du pentagone $= 36673 \quad ,69$

463. $135^{m.q.},84.$

Solution. La surface du triangle équilatéral $S = \dfrac{c^2}{4}\sqrt{3}.$

G

Or, on a $c^2 = 3R^2$ d'une part, et d'un autre côté $\pi R^2 = 328,45$;

$$\text{d'où } R^2 = \frac{328,45}{\pi}; \quad c^2 = \frac{328,45 \times 3}{\pi}, \quad \text{et enfin } S = \frac{328,45 \times 3 \times \sqrt{3}}{4\pi}$$

$$= \frac{328,45 \times 3 \times 1,73205}{4 \times 3,1416} = 135^{\text{m.q.}},81.$$

464. $70860^f,80$,

Solution. Le terrain à acheter peut être considéré comme un rectangle ayant 32 kilomètres de long sur 8 mètres de large. Donc le prix est égal

$$\text{à } 32000^m \times 8 \times 0^f,2768 = 70860^f,80.$$

465. $63372^{\text{m.q.}},21.$

Solution. $246^m = R\sqrt{3}$,

$$\text{d'où } R = \frac{246}{\sqrt{3}} \text{ et } R^2 = \frac{246^2}{3}.$$

Or, surface du cercle $= \pi R^2$.
Donc, en remplaçant R^2 par sa valeur,

$$\text{surface du cercle} = \frac{3,1415926 \times 246^2}{3} = 63372^{\text{m.q.}},21.$$

466. $43^{\text{m.q.}},0549.$

Solution. Surface latérale $= 2\pi R \times H$,
et surface des deux bases $2\pi R^2 = 2\pi R \times R$.
Surface totale $= 2\pi R \times H + 2\pi R \times R = 2\pi R \times (H + R)$

$$= 2\pi \times 1,48 \times 4,63 = \pi \times 13,7048 = 43^{\text{m.q.}},0549.$$

467. $22^{\text{m.q.}},7268.$

Solution. Surface latérale $= \pi(R+r) \times l$; l étant le côté du tronc;

$$\text{surface des bases} = \pi(R^2 + r^2)$$

$$\text{surface totale} = \pi\{R^2 + r^2 + (R+r) \times l\}$$

D'ailleurs l est l'hypoténuse d'un triangle rectangle dont la hauteur h est l'un des côtés de l'angle droit, et $R-r$, l'autre côté;

$$\text{donc } l = \sqrt{h^2 + (R-r)^2}.$$

Donc surface totale $= \pi\{R^2 + r^2 + (R+r)\sqrt{h^2 + (R-r)^2}\}$

$$= \pi\{1,20^2 + 0,86^2 + 2,06\sqrt{2,43^2 + 0,31^2}\}$$

$$= \pi\{2,1796 + 2,06\sqrt{6,0205}\} = 3,1416 \times 7,23446 = 22^{\text{m.q.}},7268.$$

468. 5093688 myriam. q.

Solution. Surface $= 4\pi R^2 = 4 \times 3,1415926 \times 6366654^2$
$= 50936880000000^{m\cdot q}$, ou 5093688 myriam. q. à 1 myriamètre
près. (Les chiffres suivants ne peuvent être conservés en prenant
8 chiffres dans π, on ne peut guère compter que sur 7 chiffres au
résultat.)

469. $2604^{kg},312$.

Solution.

$$\text{Poids} = V \times D = 0,56^2 \times 8^m,75 \times 0,948 = 2744^{kg} \times 0,948$$
$$= 2604^{kg},312.$$

470. 120486 bouteilles.

Solution. Volume $= 9^m,34 \times 4^m,50 \times 2^m,15 = 90^{m\cdot c},3645$,
ou $90364^l,5$.

Donc le nombre de bouteilles est égal à

$$\frac{90364,9}{0,75} = 120486 \text{ bouteilles.}$$

471. $1753^m,70$.

Solution. $\text{Volume} = \dfrac{B \times H}{3} = \dfrac{15^2\sqrt{3} \times 54}{4 \times 3}$
$$= \frac{225 \times 1,732050 \times 9}{2} = 1753^{m\cdot c},70.$$

472. $0^{m\cdot c},666262$.

Solution. $\text{Volume} = \dfrac{1}{3}H \left\{ \dfrac{C^2\sqrt{3}}{4} + \dfrac{c^2\sqrt{3}}{4} + \dfrac{Cc\sqrt{3}}{4} \right\}$

$$= \frac{\sqrt{3}}{3 \times 4} \times H \{C^2 + c^2 + Cc\}$$

$$= \frac{\sqrt{3}}{3 \times 4} \times 3,20 \{0,95^2 + 0,40^2 + 0,95 \times 0,40\}$$

$$= \frac{\sqrt{3}}{3} \times 0,8 \times 1,4425 = 1,73205 \times 0,3846666 = 0^{m\cdot c}666262.$$

473. $1092,730$,

Solution. $\text{Volume } V = \dfrac{1}{3}H(B + b + \sqrt{Bb})$

Or $\dfrac{b}{B} = \left(\dfrac{7}{91}\right)^2 = \dfrac{1}{13^2}$; d'où $b = \dfrac{B}{13^2}$ et $\sqrt{Bb} = \sqrt{\dfrac{B^2}{13^2}} = \dfrac{B}{13}$,

par suite $V = \dfrac{2,35}{3}\left(B + \dfrac{B}{13^2} + \dfrac{B}{13}\right) = \dfrac{2,35(13^2 + 1 + 13) \times B}{3 \times 13^2}$

$$= \dfrac{2,35 \times 61 \times B}{169}.$$

D'ailleurs $B = \sqrt{p(p-a)(p-b)(p-c)} = \sqrt{0,02741856}$
$= 0,165585506$ mètres carrés.

Donc, $V = \dfrac{2,35 \times 61 \times 0,165585506}{169} = 0,14045374$ mètres cubes,

et enfin $P = V \times D = 140^{k \cdot g},45374 \times 7,78 = 1092^{k \cdot g},730$.

474. $VP = 2^{m \cdot c},598155 \qquad Vp = 0^{mc},521131$.

Solution.

On a $\dfrac{H}{h} = \dfrac{0,82}{0,48} = \dfrac{41}{24}$; d'où $\dfrac{H}{H-h} = \dfrac{41}{17}$ et $H = 1,85 \times \dfrac{41}{17}$.

Par suite $VP = \dfrac{1,85 \times 41}{17 \times 3} \times \dfrac{0,82^2 \times \sqrt{3} \times 3}{2} = 2,5981546$.

En outre $\dfrac{Vp}{VP} = \dfrac{h^3}{H^3} = \dfrac{24^3}{41^3}$; $Vp = VP \times \dfrac{24^3}{41^3} = 2,5981546 \times \dfrac{13824}{68921}$

$$= 0,521131.$$

475. $H = 0^m,798 \qquad D = 0^m,399$.

Solution. $V = \pi R^2 H = 0^{m \cdot c},1$.

Comme $H = 4R$, on a donc
$$0^{m \cdot c},1 = \pi R^2 \times 4R = 4\pi R^3,$$

D'où $R^3 = \dfrac{0,1}{4\pi} = 0,007957$,

et $R = \sqrt[3]{0,007957} = 0^m,1996$.

Par conséquent $\quad 2R = 0^m,1996 \times 2 = 0^m,3992$

et $\qquad H = 0^m,3992 \times 2 = 0^m,7984$.

476*. 53,2675 feuilles.

Solution. Surface d'une feuille de tôle est égale à
$$1,5 \times 0,9 = 1^{m \cdot q},35.$$

Nota. Le calibre d'un tuyau est son diamètre.

Surface latérale des tuyaux est égale à

$$2\pi R \times H = 2 \times 3,1416 \times \frac{0,545}{2} \times 12 = 71^{m\cdot q},9112.$$

Donc il faudra

$$\frac{71,9112}{1,35} = 53,2675 \text{ feuilles.}$$

477. $1526^l,814.$

Solution. $V = \pi R^2 \times H.$

$$\frac{2}{3}V = \frac{2\pi R^2 \times H}{3} = \frac{2 \times 3,1416 \times 0,45^2 \times 3^m,60}{3}$$
$$= 1^{m\cdot c},526814 = 1526^l,814.$$

478.

Solution. Exprimant toutes les longueurs en centim., on a :
Volume des trois lingots $= \pi R^2 H = 3,1416 \times 0,25^2 \times 0,6$
$$= 0^{cc},11781. \text{ Or poids} = V \times D.$$
Donc le poids $= 0^{gr},11781 \times 19,26 = 2^{gr},269.$

479. $5754^{k\cdot g},493.$

Solution.

$$P = V \times D = \frac{\pi R^2 H}{3} \times D = \frac{3,1415926 \times 0,65^2 \times 1^m,48 \times 8,788}{3}$$
$$= 5754^{kg},493.$$

480. $42^m,66.$

Solution. La corde étant tangente au petit cercle est perpendiculaire à l'extrémité du rayon du petit cercle qui aboutit au point de contact.

En appelant c la corde demandée, on a donc

$$\left(\frac{c}{2}\right)^2 = R^2 - r^2 = 36^2 - 29^2 = 455,$$

d'où
$$\frac{c}{2} = \sqrt{455} = 21^m,330$$
et
$$c = 42^m,66.$$

481. 27640 mètres.

Solution. On sait que si, d'un point pris hors d'un cercle, on mène une sécante et une tangente, la tangente est moyenne pro-

6.

portionnelle entre la sécante entière et la partie extérieure; on a donc

$$\text{tang.}^2 = (6366200 \times 2 + 60) \times 60^m = 763947600$$

d'où $\text{tang.} = \sqrt{763947600} = 27639^m,6.$

482. $0^{m.c},131.$

Solution. $V \times D = 26$ grammes, ou

$$\pi R^2 \times H \times D = 26^{gr}; \quad \pi R^2 H = \frac{26}{D} \text{ cent. cubes,}$$

d'où $R^2 = \dfrac{26}{100 \times 3,14 \times 19,26}$

et $R = \dfrac{1}{10} \sqrt{\dfrac{26}{19,26 \times 3,14}} \text{ cent.} = 0^c,0654$

d'où $2R = 0,1308.$

483. $3^{m.q},00454.$

Solution. En appelant R le rayon de la base, on a $R2 = \dfrac{4}{\pi}.$

Or, la hauteur H du cône est le côté d'un triangle rectangle dont l'hypoténuse est 25,7 et dont l'autre petit côté est

égal à $\sqrt{\dfrac{4}{\pi}}$

Donc $H^2 = 25,7^2 - \dfrac{4}{\pi} = 659,2168$ et $H = 25^m,675217,$

d'où $h = 25,675217 - 3^m,42 = 22^m,255217.$

Si l'on représente l'aire cherchée par A, l'on aura

$$\frac{A}{4} = \frac{h^2}{H^2} = \frac{22,255217^2}{659,2168}$$

Donc $A = \dfrac{22,255217^2 \times 4}{659,2168} = 3,00535$ mètres carrés.

484. $0^m,53533.$

Solution. Le volume de l'argent est $\dfrac{725^{gr},05}{10,47} = 69,34$ centimètres cubes.

Le volume de l'eau est 2521,35 centimètres cubes.

Donc le volume de la sphère est

$$\frac{4}{3} \pi R^3 = 69,34 + 2521,35 = 2590,69 \text{ cent. cubes.}$$

D'où $\quad R = \sqrt[3]{\dfrac{2590,69 \times 3}{4\pi}}$.

Par suite, circonférence de cette sphère

$$2\pi R = 2\pi \sqrt[3]{\dfrac{2590,69 \times 3}{4\pi}} = \sqrt[3]{2590,69 \times 6 \times \pi^2} = 53.533.$$

485. 14 mètres.

Solution. Volume du tronc de cône est égal à

$$\frac{1}{3}\pi H \,(22^2 + 4^2 + 22 \times 4).$$

Donc, en désignant par x le rayon cherché, on aura

$$\pi x^2 \times H = \frac{\pi H}{3}\,(22^2 + 4^2 + 22 \times 4),$$

d'où $\quad x = \sqrt{\dfrac{22^2 + 4^2 + 22 \times 4}{3}} \; \sqrt{196} = 14$ mètres.

486. $3^{\text{m.c}},959110$.

Solution. $V = \dfrac{1}{3}\pi H (R^2 + r^2 + R \times r)$,

où $\quad V = \dfrac{\pi \times 3,48}{3}\,(0,68^2 + 0,52^2 + 0,68 \times 0,52) = \pi \times 1,260224$

$$= 3,1415926 \times 1,260224 = 3^{\text{m.c}},959110^{\text{m}}.$$

487. 1080992000 myriam. cubes, à 1000 myriam. près.

Solution. $V = \dfrac{4}{3}\pi R^3 = \dfrac{4\pi.6366654^3}{3}$.

En prenant π avec 8 chiffres significatifs ou 7 décimales, on trouve à 1000 myriamètres cubes près :

$$V = 1080994665 \text{ myriam. cubes,}$$

et en barrant les 3 derniers chiffres qui sont incertains :

$$V = 1080992000 \text{ myriam. cubes.}$$

488. Soleil : son volume $= 1328400$ fois celui de la Terre à moins de 300 unités.

Lune : son volume $= 0,049$ fois celui de la Terre à moins de 2 millièmes.

Solution. Les volumes des sphères sont proportionnels aux cubes des rayons ou des diamètres ; donc :

$$\text{Vol. du Soleil} = \text{vol. de la Terre} \times 109,93^3$$
$$= \text{vol. de la Terre} \times 1328460,61\ldots$$
$$\text{Vol. de la Lune} = \text{vol. de la Terre} \times 0,27^3$$
$$= \text{vol. de la Terre} \times 0,019683.$$

Les rapports donnés étant supposés connus à moins d'une unité du dernier ordre donné, l'erreur commise sur le 1er résultat pourra être $\frac{3}{10993} < \frac{3}{10000}$; on ne connaîtra donc ce rapport qu'à moins de 300 unités: l'erreur commise sur le second résultat pourra atteindre $\frac{3}{27} = \frac{1}{9}$ du résultat, c'est-à-dire environ 2 unités de l'ordre des millièmes.

489. $14^{kg},420.$

Solution. Le volume du marbre enlevé par le triangle se compose: 1° du volume d'un cône ayant pour hauteur la moitié du côté du triangle et pour rayon la hauteur de ce triangle; 2° du volume d'un cylindre de même base et de même hauteur que le cône.

En désignant par a le côté du triangle, la hauteur du cône sera $\frac{a}{2}$, et son rayon de base $\frac{a\sqrt{3}}{2}$; son volume

$$\frac{1}{3} \times \frac{a}{2} \times \frac{3a^2}{4} \times \pi = \frac{a^3}{8} \times \pi.$$

Le cylindre aura même base et même hauteur; son volume sera donc

$$\frac{a}{2} \times \frac{a^2 \times 3}{4} \times \pi = \frac{3a^3}{8} \times \pi.$$

Le volume total sera donc

$$\frac{a^3}{8} \times \pi + \frac{a^3}{8} \times 3\pi = \frac{a^3}{8} \times 4\pi = \frac{a^3}{2} \times \pi.$$

Exprimant les longueurs en décimètres, les poids seront en kilogrammes, et on aura:

$$\text{Volume} = \frac{1,5^3}{2} \times \pi; \quad \text{poids} = \frac{1,5^3 \times 2,72 \times \pi}{2} = 14^{kg},420.$$

490. 2733558 mètres cubes.

Solution. $\text{Volume} = B \times \frac{H}{3} = 237^2 \times \frac{146}{3}$
$$= 18723 \times 146 = 2733558 \text{ mètres cubes.}$$

491. $113^{kg},097$.

Solution. Le ballon étant considéré comme sphérique, le volume

$$\frac{4}{3}\pi R^3 = 904,78 \text{ mètres cubes.}$$

D'où
$$R = \sqrt[3]{\frac{904,78 \times 3}{4\pi}}.$$

Donc la surface de la sphère

$$4\pi R^2 = 4\pi \sqrt[3]{\left(\frac{904,78 \times 3}{4\pi}\right)^2} \text{ en mètres carrés,}$$

et le poids de cette surface est égal en grammes à

$$4 \times 250 \sqrt[3]{\frac{(904,78 \times 3)^2 \times \pi}{4^2}} = 1000 \sqrt[3]{678,585^2 \times \pi} = 113097 \text{ gr.}$$

492. Densité $= 11,35$; rayon $= 0^m,1$,

Solution. Surface $4\pi R^2 = 12^{d.m.q},5664$.

D'où
$$R = \sqrt{\frac{12,5664}{4 \times 3,1416}} = 0^m,1.$$

D'un autre côté

$$V = \frac{1}{3} S \times R = \frac{1}{3} \times 12,5664 \times 1 = 4^{d.c},1888,$$

et
$$D = \frac{P}{V} = \frac{47,54288}{3,1388} = 11,35.$$

493*. $242^f,03$.

Solution. En prenant pour unité de longueur le centimètre et pour unité de poids le gramme, le poids de la sphère $= \dfrac{4\pi R^3}{3} \times D$

$$= \frac{4 \times 3,1416 \times 1^3 \times 19,26}{3}, \text{ dont la valeur à 3 francs le gramme}$$

$$= 4 \times 3,1416 \times 1^3 \times 19,26 = 242^f,03.$$

494**. $R = 2^d,17$; poids $= 26^{kg},946$.

Solution. Volume du cône en décim. cubes $\dfrac{\pi R^2}{3} \times H = 3,46$.

* *Nota*. La densité de l'or étant 19,26.

** *Nota*. Ajoutez à l'énoncé : Et quel est le poids du cône?

D'où
$$R^2 = \frac{3,46 \times 3}{\pi H} = \frac{3,46 \times 3}{3,141 \times 0,7} = 4,72,$$
et
$$R = 2^d,17.$$

Quant au poids il est égal à $V \times D$, c'est-à-dire à
$$3,46 \times 7,788 = 26^{kg},946.$$

495 *. $5558^{kg},831$.

Solution. Les volumes du corps total et du liquide déplacé, et, par suite, dans le cas actuel, leurs hauteurs sont en raison inverse des densités de ces corps; on a donc :
$$\frac{H}{H-0,48} = \frac{1,026}{1,557} \text{ ou } \frac{H}{0,48} = \frac{1,026}{1,026-0,657} = \frac{1,026}{0,369},$$
d'où
$$H = \frac{1,026 \times 0,48}{0,369} = \frac{342 \times 0,16}{41} \text{ mètres.}$$

Le volume de la pièce de bois sera le carré de cette dimension multiplié par la longueur 4,75, et le poids en tonnes sera ce produit multiplié par la densité du bois 0,657.
$$\frac{342^2 \times 0,16^2 \times 4,75 \times 0,657}{41^2} = 5^{tonnes},558831.$$

496. $522^{c \cdot c},282$.

Solution. Soient R le rayon à 0°, R' à 95°; on a
$$R = \frac{R'}{1+kt} = \frac{5^{cent.}}{1+0,00000884 \times 95} = \frac{5^{c \cdot}}{1,00083980}$$
donc
$$V = \frac{4\pi R^3}{3} = \frac{4 \times \pi \times 5^3}{3 \times 1,0008398^3} = 522^{c \cdot c},282.$$

497. A 95° $r = 0,976$; à 0° $r = 0,975$.

Solution. 1° à 0°. $V = \pi r^2 H = 522^{c \cdot c},282$, d'où
$$r = \sqrt{\frac{522,282}{\pi \times 175}} = 0^{cm},975;$$

2° à 95°. On a $\dfrac{4\pi R^3}{3} = \pi r^2 H$, d'où
$$r = \sqrt{\frac{4R^3}{3H}} = \sqrt{\frac{4 \times 5^3}{3 \times 175}} = 0^{cm},976.$$

* *Nota.* Dans l'énoncé, au lieu de un rouleau cylindrique, lisez : *Une pièce de bois équarrie, dont une face est parallèle à la surface de l'eau;* au lieu de flèche, lisez *hauteur;* et ajoutez : *la pesanteur spécifique de l'eau de mer est 1,026.*

498 *. 228655 litres.

Solution. Au fond de l'eau, la circonférence a 48,20 ; sur l'eau, c'est-à-dire à la moitié de la hauteur totale, la circonférence a
$\dfrac{48^m,20 + 24^m,35}{2} = 36^m,275$; le rayon de cette dernière est donc

$r = \dfrac{36^m,275}{2\pi}$, et celui de la 1re, $R = \dfrac{48^m,20}{2\pi}$; il en résulte

$$v = \frac{1}{3}\pi H(R^2 + r^2 + Rr)$$

$$= \frac{1}{3}\pi \times 1,6 \left\{ \frac{36,275^2}{4\pi^2} + \frac{48,20^2}{4\pi^2} + \frac{36,275 \times 48,20}{4\pi^2} \right\}$$

$$= \frac{1,6(36,275^2 + 48,20^2 + 36,275 \times 48,20)}{3 \times 4 \times \pi} = \frac{0,4 \times 5387,574}{3\pi}$$

$$= 288655 \text{ litres.}$$

499. $S = \dfrac{n(n-1)}{2}$ pour 35 droites 595 points.

Solution. 2 droites se coupent en 1 point.

Une 3e droite les coupe en 2 points, en tout $1+2$ points ; une 4e coupe les 3 premières en 3 points, en tout $1+2+3$ points ; et en général n droites se couperont en $1+2+3+\ldots+n-1$ points.

Le nombre de points est donc la somme des termes d'une progression arithmétique dont le 1er terme est 1 et le dernier $n-1$.

Par conséquent on a

$$S = \frac{n(n-1)}{2}$$

Application. Pour 35 droites,

$$S = \frac{35(35-1)}{2} = 35 \times 17 = 595 \text{ points.}$$

500. $S = \dfrac{n(n-3)}{2}$. Application. Polyg. de 12 côtés, 54 diagon. ; polyg. de 15, 90 diagon. ; polyg. de 18, 135 diagon. ; polyg. de 20, 170 diagon.

Solution. De chaque sommet, pris isolément, on peut mener

* *Nota.* Ajoutez à l'énoncé : la hauteur est de $3^m,20$.

$n-3$ diagonales; si on fait cela pour les n sommets, on aura décrit $n(n-3)$ diagonales; mais on s'aperçoit facilement que chacune a ainsi été décrite 2 fois, l'une en partant de l'une de ses extrémités, l'autre en partant de l'autre extrémité; donc leur vrai nombre sera moitié de celui qu'on vient de trouver, ou $\dfrac{n(n-3)}{2}$.

Application. Polyg. de 12 côtés,

$$S = \frac{(12-3)12}{2} = 54,$$

etc.

501. 4030 mètres.

Solution. Le jardinier parcourt, pour arriver au 1er arbre et pour revenir à la fontaine . . . . | 2×5 mètres
pour le 2e arbre $5+2\times3+5$ . . . . | $2\times5+2\times3\times1$
pour le 3e — $5+2\times3\times2+5$ . . . . . . | $2\times5+2\times3\times2$
. . . . |
pour le 35e — $5+2\times3\times34+5$ . . . . . . | $2\times5+2\times3\times34$
pour le 36e, sans revenir à la fontaine . . . . | $5+\quad 3\times35$

La 1re colonne donne : $\quad 2\times5\times35+5 = 355$
La dernière ligne, 2e colonne. $\quad 3\times35 = 105$
Le reste de la 2e colonne :

$$2\times3\times(1+2+3+\ldots+34) = 2\times3\times\frac{34+1}{2}\times34$$

$$= 3\times35\times34 = 3570$$

$$\text{Total.} \ . \ . \ . \ \overline{4030^m}$$

502. 7770.

Solution. Au 1er rang de la base il y a 35 boulets; au 2e rang, 34; au 3e, 33;..... nombres écrits dans la 1re colonne du tableau triangulaire ci-dessous. Dans la tranche horizontale placée immédiatement au-dessus de la 1re, il y a au 1er rang 34 boulets; au 2e, 33; au 3e, 32....; nombres écrits dans la 2e colonne du tableau, et ainsi de suite. La 2e tranche horizontale avant la dernière a 3 boulets au 1er rang; au 2e rang, 2 boulets; au 3e rang, 1; nombres écrits dans la 2e colonne avant la dernière du tableau. Dans l'avant-dernière tranche horizontale il y a au 1er rang 2 boulets; au 2e, 1; enfin, la dernière tranche ne se compose que de 1 boulet.

```
35  34  33  32 . . . . . .   3  2  1
34  33  32 . . . . . .   3  2  1
33  32 . . . . . .   3  2  1
32 . . . . . . . .   2  1
. . . . . . . . . . . .
. . . . . 3   2
. . . 3  2  1
3  2  1
2  1                    Reste à faire la somme de
1                       tous les nombres de ce tableau.
```

En commençant par le coin qui est en haut et à gauche, on a 35, une fois; puis sur la diagonale 34 et 34 ou 34×2; sur la diagonale suivante 33, 33 et 33 ou 33×3; sur la diagonale suivante 32, 32, 32 et 32 ou 32×4..... et ainsi de suite jusqu'à 3 répété 33 fois, 3×33; puis 2×34, enfin 1×35.

On a donc à faire la somme des produits

$$35 \times 1,\ 34 \times 2,\ 33 \times 3 \ .... \ 4 \times 32,\ 3 \times 33,\ 2 \times 34,\ 1 \times 35.$$

Le premier facteur diminuant quand l'autre augmente à la 18e opération on aura 18×18; mettant à part ce produit qui vaut 324, on voit que les suivants ne seront que les précédents répétés. La somme sera donc :

$$2 \times \{35 \times 1 + 34 \times 2 + 33 \times 3 + ... + 20 \times 16 + 19 \times 17\} + 18 \times 18$$
$$= 2 \times 3723 + 324 = 7770.$$

L'algèbre fournit pour résoudre ce problème une formule qui simplifie beaucoup les opérations à effectuer; le nombre total des boulets en appelant m le nombre des boulets dans chaque côté de la base est :

$$\frac{m(m+1)(m+2)}{1 \times 2 \times 3}$$

pour le cas actuel où $m = 35$ on a

$$\frac{35 \times 36 \times 37}{2 \times 3} = 37 \times 35 \times 6 = 7770.$$

503. 1° $1^{kg},033$; 15499^{kg}.

Solution. La densité du mercure étant 13,596, 1 cent. cube de ce métal pèse $13^{kg},596$. Par conséquent 76 cent. cubes pèseront $13^{gr},196 \times 76 = 1^{kg},033296$.

La pression exercée sur 15000 cent. carrés sera donc

$$1^{kg},033296 \times 15000 = 15499^{kg},44.$$

504. 731^{gr},919 or et 118^{gr},081 argent.

Solution. Puisque ce vase perd 850^{gr}—800^{gr},7 ou 49^{gr},3 dans l'eau, son volume est de 49,3 cent. cubes.

Or, s'il était en or pur il pèserait
$$49^{gr},3 \times 19,25 = 949^{gr},025,$$
c'est-à-dire 99^{gr},025 de plus qu'il ne pèse.

Mais 1 cent. cube d'argent pèse 19^{gr},25—10^{gr},47 ou 8^{gr},78 de moins que 1 cent. cube d'or.

Donc, pour que l'excédant de 99^{gr},025 soit compensé, il faut qu'il y ait dans le vase autant de cent. cubes d'argent qu'il y a de fois 8^{gr},78 dans 99^{gr},025, c'est-à-dire 11,278 cent. cubes d'argent, dont le poids est :
$$10^{gr},47 \times 11,278 = 118^{gr},081.$$
Par suite, le poids de l'or est 731^{gr},919, ce qu'il est facile de vérifier.

505. 1° 3^{kg},3855 ; 2° 6^l,348 ; 3° 439^{kg},539 ; 4° 738,461 déc. cubes.

Solution. 1° 0^k,915 × 3,7 = 3^{kg},3855 ;

$$2° \quad \frac{86^{kg}342}{13,596} = 6^l,348 ;$$

$$3° \quad 56^{kg},438 \times 7,788 = 439^{kg},539 ;$$

$$4° \quad \frac{864}{1,17} = 738,461 \text{ décim. cubes.}$$

506. 6^k,046.

Solution. 0^{kg},870 × 5,8 = 5^{kg},046.

507. 10^{kg},022.

Solution. Pour élever 246 kilog. d'eau de 12° à 34°, c'est-à-dire de 22°, il faut 22 × 246 = 5412 calories.

Or, comme 540 calories sont fournies par 1 kilog. de vapeur, 5412 calories le seront par
$$\frac{5412}{540} = 10^{kg},022 \text{ de vapeur.}$$

508. 48°,8.

Solution. 8 kilog. de vapeur renferment : 1° à l'état latent 540 × 8 = 4320 calories ;

2° A l'état sensible $8\times100=800$ calories; de plus les 140 kilog. d'eau à 15° renferment $140\times15=2100$ calories; il y a donc dans toute la masse formée de 148 kilog. d'eau $4320+800+2100=7220$ calories. Elles pourraient élever 1 kilog. d'eau à la température de 7220°; elles en élèveront 148 à la température

$$\frac{7220}{148} = 48°,8.$$

509. 20° centigr. et 16° Réaumur.

Solution. Dans le thermomètre Farenheit 180° valent 100° centigrades ou 80° Réaumur.

Donc 36 Farenheit valent

$$\frac{100\times36}{180} = 20° \text{ centigrades,}$$

et

$$\frac{80\times36}{180} = 16° \text{ Réaumur.}$$

510. $23°\frac{8}{9}$ centigrades et $19°\frac{1}{9}$ Réaumur.

Solution. En retranchant de 75° les 32° qui marquent le point de fusion de la glace dans le Farenheit, le problème est ramené, comme dans le cas précédent, à chercher combien $75-32 = 43°$ Farenheit valent de degrés centigrades et de degrés Réaumur.

511. $112^{kg},64$.

Solution. Les pressions étant proportionnelles aux surfaces, le sont aux carrés des diamètres; on a donc la proportion :

$$\frac{8624}{x} = \frac{35^2}{4^2}; \text{ d'où } x = \frac{8624\times4^2}{35^2},$$

c'est-à-dire, en effectuant les calculs

$$x = 112^{kg},64.$$

512. $70^{c\cdot c},204$.

Solution. Le titre étant 0,950, la coupe contient $1276^{gr}\times0,950 = 1212^{gr},2$ d'or pur, et, par conséquent, $1276^{gr}-1212^{gr},2 = 63^{gr},8$ de cuivre.

Or, puisqu'un cent. cube d'or pur pèse $19^{gr},258$, il y a donc

$$\frac{1212,2}{19,258} = 62^{c\cdot c},945 \text{ d'or pur.}$$

Et comme 1 cent. cube de cuivre pèse 8^{gr},788, il y a
$$\frac{63,8}{8,788} = 7^{c \cdot c},259 \text{ de cuivre.}$$
Donc le volume de la coupe est
$$62^{c \cdot c},945 + 7^{cc},259 = 70^{cc},204.$$

513. 919 kilog.

Solution. Le volume d'eau douce déplacé pesant 896 kilog., le même volume d'eau de mer pèsera
$$896^{kg} \times 1,026 = 919^{kg},296.$$

514. 0^m,002 au moins.

Solution. La distance doit être égale à
$$0,00001182 \times 40 \times 4^m,5 = 0,0021276.$$

515 *. 25^s,8.

Solution. En passant de 8° à 40°, le pendule augmentera de 0^m,994 $\times$ 32 $\times$ 0,0000187 $=$ 0,0005948; il sera donc 0^m,994595.

On aura donc en appelant x la durée d'une oscillation, la proportion :
$$\frac{1}{x} = \frac{\sqrt{994}}{\sqrt{994595}}; \text{ d'où } x = 1^{sec},000299.$$

Par conséquent au bout de 1^{sec},000299, la pendule marquera 1 seconde; donc au bout de $1''$ elle marquera
$$\frac{1^{sec}}{1,000299}$$
elle aura donc retardé en 1 seconde de
$$1^{sec} - \frac{1^{sec}}{1,000299} = \frac{0,000299}{1,000299}$$
et en 24 heures, ou 86400 secondes, elle aura retardé de
$$\frac{0,000299 \times 86400}{1,000299} \text{ secondes} = 25^{sec},8.$$

516. 1° Or, 2^{kg},850; 2° argent, 3^{kg},697; 3° plomb, 7^{kg},594.

---

* *Nota.* Le pendule est supposé formé d'un fil de cuivre assez mince et d'une lentille assez pesante pour qu'on puisse le traiter comme un pendule simple sans erreur sensible. — Supprimez dans l'énoncé : à 8°.

Solution. Le volume du lingot d'or est de 148 cent. cubes, dont le poids est égal à

$$19^{gr},258 \times 148 = 2^{kg},850.$$

Le volume du lingot d'argent est de 148+205 ou 353 cent. cubes, dont le poids est égal à $10^{gr},474 \times 353 = 3^{kg},697$.

Enfin le volume du lingot de plomb est de 353+316 ou de 669 cent. cubes, dont le poids est égal à

$$11^{gr},352 \times 669 = 7^{kg},594.$$

517. 1° $3^{gr},6799$; 2° $0^{m},153$.

Solution. Chaque coup de piston enlève $\frac{1}{8}$ de la quantité d'air que contient le récipient. Or les $\frac{7}{8}$ qui restent occupant toujours le même volume, leur force élastique sera égale aux $\frac{7}{8}$ de ce qu'elle était avant le coup de piston. Ainsi, après chaque coup de piston, elle est les $\frac{7}{8}$ de ce qu'elle était auparavant; elle est donc après le premier coup $760^{mm} \times \frac{7}{8}$; après le second $760 \times \frac{7}{8} \times \frac{7}{8}$ $= 760 \times \left(\frac{7}{8}\right)^{2}$; donc après 12 coups elle sera $760 \times \left(\frac{7}{8}\right)^{12} = 153^{mm}$. D'un autre côté le volume d'air dans le récipient est égal à $\frac{4\pi R^{3}}{3} = 14^{l},137$, qui à la pression 760^{mm} pèseraient $14^{gr},137 \times 1,293$, 1,293 étant le poids d'un litre d'air; et à la pression 153^{mm} :

$$\frac{14,137 \times 1,293 \times 153}{760} = 3^{gr},6799.$$

518. $182^{kg},696.$

Solution. Le rayon étant $12^{dm},4$, la capacité du récipient est égale, en litres, à

$$\frac{4\pi R^{3}}{3} = \frac{4 \times \pi \times 12,4^{3}}{3}.$$

Et ce nombre sera en kilogrammes le poids de l'eau contenue dans le récipient. Pour élever ce nombre de kilogrammes de 14° à 28°, ou de 14 degrés, il faudra donc $\frac{4 \times \pi \times 12,4^{3} \times 14}{3}$. Or

1 kilogramme de vapeur en se réduisant à l'état liquide abandonne 540 calories; et en passant de 100° à 28°, ou en descendant de 72 degrés, 72 calories, en tout 612 calories; donc autant de fois 612 sera contenu dans $\dfrac{4\times12,4^3\times\pi\times14}{3}$ calories, autant il faudra de kilogrammes de vapeur, soit $\dfrac{4\times12,4^3\times\pi\times14}{3\times612} = 183^{kg},696$.

519 194853 kilogrammes.

Solution. Aire du cercle $\pi R^2 = \pi\times245^2$ en centimètres carrés.

Or, la pression sur 1 cent. carré étant $76\times13,596$ grammes, la pression exercée sur un cercle d'une surface de $\pi\times245^2$ centimètres carrés sera égale à $76\times13,596\times\pi\times245^2$ grammes ou 194853 kilog.

520. $0^m,00029$.

Solution. En représentant la hauteur cherchée par x, on aura pour le volume du mercure

$$\pi R^2\times x.$$

Or en multipliant ce volume par la pesanteur spécifique du mercure 13,596, on obtient le poids 8 kilogrammes.

Donc $$\pi R^2 x\times13,596 = 8$$
d'où
$$x = \frac{8}{3,14\times0,8^2\times13,596} = 0^m,00029.$$

521. $0,0000187$.

Solution. Pour 1 degré, $9^m,35$ de fer et par suite $6^m,1$ de cuivre, se dilatent de

$$9^m,35\times0,0000122;$$

donc 1^m de cuivre, au lieu de $6^m,1$, se dilatera de

$$\frac{9^m,35\times0,0000122}{6,1} = 0,0000187.$$

ce qui est le coefficient de dilatation de cuivre.

522. $0^m,146$.

Solution. $V \times D = 32^{kg},75$

ou $\qquad \pi R^2 \times H \times D = 32^{kg},75,$

d'où $\qquad H = \dfrac{32^k,75}{3,14 \times 2,5^2 \times 1,14} = 1^{dm}46.$

523. $0^m,68.$

Solution. En représentant par x la partie immergée, on a la proportion

$$\frac{1,123}{0,98} = \frac{0,78}{x}$$

d'où $\qquad x = \dfrac{0,98 \times 0,78}{1,123} = 0^m,68.$

524 *. $0^m,0198.$

Solution. Soient V le volume total, v le volume plongé, on a la proportion

$$\frac{V}{v} = \frac{13,596}{7,79}; \text{ d'où } \frac{V-v}{V} = \frac{13,596-7,79}{13,596} = \frac{5,806}{13,596}$$

$V-v$ est le volume extérieur. D'ailleurs ce volume extérieur et le volume total étant ceux de deux cônes semblables, leur rapport est égal à celui des cubes de leurs hauteurs; on a donc, h étant en centimètres la hauteur du cône extérieur :

$$\frac{h^3}{8^3} \text{ ou } \left(\frac{h}{8}\right)^3 = \frac{5,806}{13,596};$$

d'où $\quad \dfrac{h}{8} = \sqrt[3]{\dfrac{5,806}{13,596}}$ et $h = 8 \times \sqrt[3]{\dfrac{5,806}{13,596}} = 6^c,024.$

Le cône s'enfoncera donc de $8^c - 6^c,024 = 1^c,976.$

525. $21^b,01.$

Solution. 1° 78 kilog. d'eau à 28° contiennent $28 \times 78 = 2184$ calories ou unités de chaleur; 2° $5^k,45$ de glace, pour se fondre, absorbent $79 \times 5,45 = 430,55$ calories.

Donc le mélange $78^{kg} + 5^k,45$ ou $83^{kg},45$ ne contiendra plus, après la fusion, que $2184 - 430,55 = 1753,45$ calories.

* *Nota.* Dans l'énoncé, au lieu de $0^m,08$ de diamètre, lisez $0^m,08$ de hauteur.

Par conséquent la température du mélange sera

$$\frac{1753,45}{83,45} = 21°,01.$$

526. $0^{m.q},026766.$

Solution. La longueur augmentera de $4^m,98 \times 86 \times 0,0000122$ $= 0^m,005225016$, et la largeur de

$$2^m,56 \times 86 \times 0,0000122 = 0,002685952.$$

Donc la surface de la plaque à 86° sera

$$(4^m,98 + 0,005225016) \times (2^m,56 + 0,002685952)$$

ou $\qquad 4^m,985225 \times 2^m,562686 = 12^{m.q},775556.$

Comme la surface de la plaque à 0° est égale à

$$4^m,98 \times 2^m,56 = 12^{m.q},7488,$$

il y a donc eu une augmentation de

$$12^{m.q},775566 - 12^{m.q},7488 = 0^{m.q},026766.$$

En n'effectuant les calculs qu'après avoir obtenu la formule qui donne la suite complète des opérations, on opérerait plus simplement. On dirait, la surface était :

$$4,98 \times 2,56$$

elle est devenue :

$$4,98(1 + 0,0000122 \times 86)\ 2,56(1 + 0,0000122 \times 86)$$
$$= 4,98 \times 2,56 + 4,98 \times 2,56 \times 0,0000122 \times 86 \times (2 + 0,0000122 \times 86)$$

la différence sera donc :

$$4,98 \times 2,56 \times 0,0000122 \times 86 \times (2 + 0,0000122 \times 86)$$

on s'apercevrait en outre que le produit sera le même que $4,98 \times 2,56 \times 0,000122 \times 86 \times 2$; le terme suivant ne donnant pas d'unités du 7e ordre décimal. On trouvera le même résultat.

527 *. Poids : $12^{kg},980$; hauteurs : huile, $11^m,30$; eau, $10^m,33$; mercure, $0^m,76.$

Solution. Les densités de l'huile, de l'eau, du mercure sont respectivement :

$$0,914 ; \quad 1 ; \quad 13,596.$$

Les volumes (les poids étant égaux) sont en raison inverse ; savoir : pour les deux premiers comme 1 et 0,914 ; ou comme 13,596 et $13,596 \times 0,914$; et pour les deux derniers, comme

----

* *Nota.* Ajoutez à l'énoncé : et trouver les hauteurs des trois liquides dans le cylindre.

13,596 et 1, ou comme $13,596 \times 0,914$ et 0,914. Donc, enfin, les trois volumes sont comme les nombres :
$$13,596 ; \quad 13,596 \times 0,914 ; \quad 0,914$$
ou comme
$$6798000 ; \quad 6213372 ; \quad 457000$$
dont la somme est 13468372. Le volume total étant 28136 centimètres cubes, les trois volumes, en centimètres cubes, seront :
$$6798000 \times \frac{28136}{13468372} ; \quad 6213372 \times \frac{28136}{13468372} ; \quad 457000 \times \frac{28136}{13468372}$$

Les hauteurs seront ces mêmes nombres divisés par la base commune $\pi R^2 = 4\pi$, c'est-à-dire
$$6798000 \times \frac{28136}{13468372 \times 4\pi} ; \quad 6213372 \times \frac{28136}{13468372 \times 4\pi} ;$$
$$457000 \times \frac{28136}{13468372 \times 4\pi} ;$$
ou
$$1130^c ; \quad 1033^c ; \quad 76^c$$

Quant au poids de chaque corps on l'obtiendrait en multipliant son volume trouvé par sa densité. Ces poids devant être égaux, cherchons l'un d'eux, celui de l'eau. Sa densité étant 1, son poids en grammes sera :
$$6213372 \times \frac{28136}{13468372} = 12979^{gr},99.$$

528. 8922 kilogrammes.

Solution. $V = \dfrac{4\pi R^3}{3}$ et $P = V \times D,$

ou $\qquad P = \dfrac{4 \times 3,1416 \times 0,48^3 \times 19,26}{3} = 8922$ kilog.

529. $D = 0^m,00126.$

Solution. $P = 27^{gr} = V \times D ;$

d'où $\qquad V$ ou $\pi R^2 = \dfrac{0,000027}{21,53} ;$

par conséquent $\qquad R^2 = \dfrac{0,000027}{21,53 \times 3,14}$

et $\qquad R = \sqrt{\dfrac{0,00027}{21,53 \times 3,14}} = 0^m,000632$ et $D = 0^m,00126.$

530. ensité du corps 3,172 ; densité du liquide 0,504.

Solution. Le corps perd dans l'eau $7^{gr},55 - 5^{gr},17 = 2^{gr},38$, c'est-à-dire que le volume de ce corps est de 2 cent. cubes, 38.

Donc la densité de ce corps est égale à

$$\frac{7,55}{2,38} = 3,172.$$

D'un autre côté, ce corps perdant dans le deuxième liquide $7^{gr},55 - 6^{gr},35$ ou $1^{gr},20$, il en résulte que 2 cent. cubes, 38 de ce deuxième liquide pèsent $1^{gr},20$. Donc la densité de ce deuxième liquide est égale à

$$\frac{1,20}{2,38} = 0,504.$$

531. Rapport $= 0,637.$

Solution. Prenons le dixième de millimètre pour unité, le volume du mercure dans la boule du 1er thermomètre est

$$\frac{\pi 75^3}{6}.$$

Or, pour un accroissement de $1°$, ce volume augmentera de $\frac{1}{5550}$, c'est-à-dire de $\frac{\pi 75^3}{6 \times 5550}$.

Le volume du verre de la boule augmente en même temps de $\frac{\pi.75^3.3k}{6}$, en appelant k le coefficient de dilatation linéaire du verre. En sorte que l'augmentation apparente du mercure est $\frac{\pi.75^3}{6} \times \left(\frac{1}{5550} - 3k\right)$

Ce volume est égal à celui d'un cylindre qui a pour hauteur la longueur x d'une division dans le premier thermomètre, et pour diamètre ce que devient le diamètre du tube pour $1°$ d'augmentation dans la température. Ce diamètre devient $25 \times (1+k)$, le volume de ce cylindre est $\frac{\pi.25^2(1+k)^2.x}{4}$. Le volume de ce cylindre devant être égal à l'augmentation apparente du mercure, on a

$$\frac{\pi.25^2(1+k)^2.x}{4} = \frac{\pi.75^3}{6}\left(\frac{1}{5550} - 3k\right)$$

d'où

$$x = \frac{75^3 \times \left(\frac{1}{5550} - 3k\right) \times 4}{6 \times 25^2(1+k)^2}$$

de même en appelant y la longueur du degré dans l'autre thermomètre, on a

$$\frac{\pi.15^2(1+k)^2.y}{4} = \frac{\pi.62^3}{6}\left(\frac{1}{5550} - 3k\right)$$

d'où

$$y = \frac{63^3\left(\frac{1}{5550} - 3k\right) \times 4}{6 \times 15^2(1+k)^2}$$

et par suite

$$\frac{x}{y} = \frac{75^3 \times 15^2}{62^3 \times 25^2} = 0,637.$$

532. $299^{kg},89$.

Solution. 25 kilog. de vapeur, en se condensant et en passant
de 100° à 61°,4, perdent

$$25 \times 530 + 25(100 - 61,4) \text{ unités de chaleur.}$$

D'un autre côté, les x kilog. d'eau gagnent

$$x(61,4 - 14) \text{ unités de chaleur.}$$

Or, la chaleur perdue par la vapeur est évidemment égale à
celle que l'eau a gagnée.

Donc on a l'équation

$$25 \times (530 + 100 - 61,4) = x(61,4 - 14).$$

En effectuant les calculs, on trouve que

$$x = 299^{kg}89.$$

533. 1° $28^s,35$; 2° $278^m,1$; 3° les termes de la progression (1).

Solution. 1° Les espaces parcourus étant proportionnels aux
carrés des temps employés à les parcourir, on a la proportion

$$\frac{e}{e'} = \frac{t^2}{t'^2} \text{ ou } \frac{4,904}{3942,6048} = \frac{1}{t'^2};$$

d'où

$$t' = \sqrt{\frac{3942,6048}{4,904}} = 28^s,35.$$

2° Les vitesses étant proportionnelles aux temps, on a

$$\frac{9,808}{v'} = \frac{1}{28,39};$$

$$v' = 9,808 \times 28,39 = 278^m,45.$$

3° Les espaces parcourus pendant chaque seconde seront les
termes de la progression

(1) $4^m,904$, $14^m,712$, $24^m,520$,   etc.,

dont la raison est $9^m,808$. En effet, dans 1, 2, 3 — secondes, les espaces parcourus sont :

      $4,904,$ $4,904 \times 4,$ $4,904 \times 9,$ $\ldots$

donc dans la 1re, la 2e, la 3e,

      $4,904.$ $4,904 \times 3,$ $4,904 \times 3,$ $\ldots$

ou $4,904,$ $4,904 + 9,808 = 14,712,$ $14,712 + 9,808 \ldots$

et cette loi se vérifierait indéfiniment.

534. $66^m,773$.

Solution. On a la proportion

$$\frac{h}{4,904} = \frac{3,69^2}{1};$$

d'où $h = 4,904 \times 3,69^2 = 66^m,773.$

535. 1° $4413^m,6$; 2° $294^m,240$.

Solution La durée de l'ascension étant égale à celle de la chute, on a

1° $\dfrac{e}{4,904} = \dfrac{30^2}{1};$

d'où $e = 4,904 \times 30^2 = 4413^m,6;$

2° $v = 9,808 \times 30 = 294^m,24.$

536. 40 kilog.

Solution. Les forces appliqués aux extrémitées des bras de levier sont en raison inverse de la longueur de ces bras, d'ailleurs les forces étant appliquées aux extrémités du levier, ce levier est nécessairement du premier genre, on a donc :

$$\frac{x}{48} = \frac{60}{72};$$

d'où $x = \dfrac{60 \times 48}{72} = 40$ kilog.

537. $13^f,62$.

Solution. D'après la construction de la balance, ce ballot pèse

$$13^{kg},750 \times 10 = 127^{kg},50.$$

Donc le prix de transport est égal à

$$\frac{0^f,06 \times 178 \times 127,50}{100} = 13^f,62.$$

538. $410^{kg},155$.

Solution. Le bloc pèse $2^{kg},46 \times 1000,378 = 2460^{kg},930$.

Or, la force nécessaire à l'extrémité d'une moufle à 6 cordons, pour faire équilibre au fardeau à soulever est $\frac{1}{6}$ du poids.

Donc cette force est égale à
$$\frac{2460,930}{6} = 410^{kg},155.$$

539. 384 kilog.

Solution La puissance étant au poids du fardeau à soulever comme le rayon du cylindre est au rayon de la roue, on a la proportion
$$\frac{48}{x} = \frac{0,88}{7,04},$$
d'où l'on tire $\quad x = \frac{48 \times 704}{88} = 384$ kilog.

540. 1472 chevaux-vapeur.

Solution. On a en kilogrammètres.
$$92000 \times 1,20 = 110400 \text{ kilogrammètres.}$$

Or, un cheval-vapeur valant 75 kilogrammètres, la puissance dynamique est donc égale à
$$\frac{110400}{75} = 1472 \text{ chevaux-vapeur.}$$

541. Par heure 1557 kilog. de charbon.

Solution. $4^{kg},8$ de vapeur sont produits par 1 kilog. de houille.

30000^{kgm} ou 1^{kg} de vapeur est produit par... $\dfrac{1}{4,8}$

1^{gm} ou le travail qui élèverait 1^{kg} à 1 mètre de hauteur est produit par.............. $\dfrac{1}{4,8 \times 30000}$

Le travail qui élèverait 5900000^{kg} à 1 mètre de hauteur, l'est par.................. $\dfrac{5900000}{4,8 \times 30000}$

Et celui qui les élèverait à 38 mètres, par $\cdot$ $\dfrac{5900000 \times 38}{4,8 \times 30000}$
$$= 1557 \text{ kilog. de houille.}$$

542. $743^l,6$.

Solution. La formule du carbonate de chaux est CaO,CO^2. En prenant 100 pour équivalent de l'oxygène et remplaçant les éléments qui entrent dans notre problème par leurs équivalents, on a

$$
\begin{array}{ccc}
Ca = 250 & C = 75 & CaO = 350 \\
O = 100 & O^2 = 200 & CO^2 = 275 \\
\hline
CaO = 350 & CO^2 = 275 & CaO,CO^2 = 625
\end{array}
$$

Ainsi 625 kilog. de carbonate de chaux contiennent 275 kilog. d'acide carbonique.

Donc 20 kilog. de carbonate de chaux contiennent $\dfrac{275 \times 20}{625}$

d'acide carbonique ou $8^{kg},8$.

Reste à en trouver le volume.

$1^{gr},29$ d'air à la pression de l'atmosphère occupe 1 litre en volume

$$
\begin{array}{ccccc}
1^{gr} & - & - & - & \dfrac{1}{1,29} \\
\\
8^k,800 & - & - & - & \dfrac{8800}{1,29}
\end{array}
$$

$8^k,800$ d'acide carbonique dont la densité est

$1,529$ occupent . . . . $\dfrac{8800}{1,29 \times 1,529}$

à la pression 1 atmosphère; et à la pression de 6 atmosphères,

6 fois moins ou $\dfrac{8800}{1,29 \times 1,529 \times 6} = 743^l,6$.

543. 621^l d'oxygène et 1243^l d'hydrogène.

Solution. Formule de l'eau HO

ou   100 oxygène $+$ 12,5 hydrogène $=$ 112,5 eau.

Donc, si $112^{kg},5$ d'eau contiennent 100^{kg} oxygène

      1 kilog. — contiendra $\dfrac{100}{112,5}$ —

$$\dfrac{100}{112,5} = 0^{kg},8888.$$

On trouvera de même qu'il entre $0^{kg},1111$ d'hydrogène dans 1 kilog. ou 1 litre d'eau.

Or   1 litre d'oxygène pèse $1^{gr},43$

et   1 litre d'hydrogène pèse $0^{gr},0895$.

Donc, dans $0^{kg},8888$ d'oxygène, il y a

$$\frac{888,8}{1,43} = 621 \text{ litres}$$

et dans $0^{kg},1111$ d'hydrogène, il y a

$$\frac{111,1}{0,0895} = 1242 \text{ litres.}$$

544. 6073^{gr} d'eau et 675^{gr} d'hydrogène.

Solution. 3775 litres d'oxygène pèsent $3775 \times 1^{gr},43 = 5398$.

Or ce poids exprime les $0,888\ldots$ ou les $\dfrac{8}{9}$ de l'eau décomposée.

Donc le poids de l'eau décomposée est égal à

$$\frac{538 \times 9}{8} = 6073^{gr}.$$

Comme l'hydrogène en forme les $0,111$, ou $\dfrac{1}{9}$, il y a donc

$$6073^{gr} \times \frac{1}{9} = 675^{gr} \text{ d'hydrogène.}$$

545. 16940 litres.

Solution. D'après la formule de l'acide carbonique et la valeur des équivalents

$$\begin{array}{rcl} C &=& 75 \\ O^3 &=& 200 \\ \hline CO^3 &=& 275 \end{array}$$

De plus, d'après l'énoncé :

1000	gr. d'eau occupent un volume de......	1 litre
1000	air occupent..................	770 litres
1	d'acide carbonique sont contenus dans 100 gr. air qui occupent......	77 litres air
75	carbone dans 275 ac. carb. dans.....	$\dfrac{77 \times 275}{1}$
10	— expirés dans 1^h correspondent à................	$\dfrac{77 \times 275 \times 10}{1 \times 75}$

Le carbone expiré dans 24^h.,........

$$\frac{77 \times 275 \times 10 \times 24}{1 \times 75}$$

ou en réduisant :

$$77 \times 11 \times 10 \times 2 \text{ litres d'air} = 16940 \text{ litres.}$$

546. 30 lits rigoureusement; mais il est convenable d'en placer plutôt moins.

Solution. Le volume d'air est égal à
$$3 \times 20 \times 3 = 180 \text{ mètres cubes.}$$
Par conséquent on pourrait mettre
$$\frac{180}{6} = 30 \text{ lits.}$$

547. 1° 63^{kg},55 anhydre; 2° 129^{kg},69 à 36° Baumé.

Solution. Formule de l'azotate de soude
$$NaO, \; AzO^5.$$
En remplaçant les éléments de cette formule par leurs équivalents, on a
$$Na \; + \; O \; + Az + \; O^5$$
$$287,17 + 100 + 175 + 500 = 1062,17.$$
Or si 1062^{kg},17 d'azotate de soude contiennent 675 d'acide azotique

100 kilog. d'azotate de soude en contiendront
$$\frac{675 \times 100}{1062,17} = 63^{kg},549 \text{ anhydre.}$$

Comme l'acide azotique à 36° Baumé renferme 51 pour 100 d'eau et par suite 49 d'acide anhydre, avec 63^k,549 d'acide azotique anhydre, on pourra donc faire
$$\frac{63,549 \times 100}{49} = 129^{kg},69 \text{ d'acide azotique à 36° Baumé.}$$

548. 1067^l,83.

Solution. Pour avoir 0^{gr},00072 d'ammoniaque il faut 1 litre d'eau de pluie.

Pour avoir 1 litre d'ammoniaque, ou 1^g,29 × 0,596 (1^g,29 étant le poids de 1 litre d'air), il faudra donc
$$\frac{1 \times 1,29 \times 0,596}{0,00072} = 1067^l,83.$$

549. 204^k,34 en théorie et le double dans la pratique.

Solution. La formule du chlorure de sodium est
$$NaCl.$$
Ainsi 287^{kg},17 de soude + 443^{kg},20 de chlore = 730^{kg},37 de chlorure de sodium qui contiennent 443^{kg},20 de chlore.

Pour avoir 124 kilog. de chlore, il faudra donc

$$\frac{730,37 \times 124}{443,20} = 204^{kg},34.$$

550. 70 kilog.

Solution. La formule de l'acide sulfurique est

$$SO^3.$$

Donc, en remplaçant le soufre et l'oxygène par leurs équivalents, on a

$$200 + 300 = 500.$$

C'est-à-dire que dans 500 kilog. d'acide sulfurique il entre 200 kilog. de soufre.

Par conséquent, pour 175 kilog. d'acide sulfurique, il faut

$$\frac{200 \times 175}{500} = 70 \text{ kilog.}$$

Dans la pratique on obtient à peu près la quantité indiquée par la théorie.

551. 1° Production totale : 480000 francs.

2° 336207^{kg} d'os calcinés.

Solution. Le phosphore employé pour les allumettes est de

$$\frac{288000}{8} = 36000 \text{ kilogrammes.}$$

Ce nombre étant les $\frac{3}{5}$ de la production totale, cette production égale

$$\frac{36000 \times 5}{3} = 60000 \text{ kilog.}$$

1° 60000 kilog. à 8 fr. le kilog. valent 480000 fr.

2° *Le phosphate de chaux étant représenté par la formule*

$$(CaO)^3, \ PhO^5, \ \text{ on a}$$

$$(250 + 100) \times 3 + 400 + 500 = 1050 + 900 = 1950,$$

c'est-à-dire que dans 1950 kilog. de phosphate de chaux, il entre 900 kilog. d'acide phosphorique ou 400 kilog. de phosphore.

Pour contenir 60000 kilog. de phosphore il faut donc

$$\frac{1950 \times 60000}{400} = 292500 \text{ kilog. de phosphate de chaux.}$$

Or, comme les os calcinés contiennent 87 kilog. de phosphate de chaux par 100 kilog., pour fournir 292500 kilog. de phosphate, il faudra donc

$$\frac{100 \times 292500}{87} = 336207.$$

552. 1° $25^{kr},08$ d'acide sulfurique contenu dans les 2 sulfates; 2° $706^{gr},42$ de sulfate de soude et $641^{gr},58$ de potasse.

Solution. 2582 grammes de sulfate de baryte contiennent, d'après l'énoncé,

$$\frac{2582^{gr} \times 34}{100 \times 35} = 25^{gr},082 \text{ d'acide sulfurique.}$$

Or, comme il entre $\frac{56}{18}$ ou $\frac{28}{9}$ pour 100 d'acide sulfurique dans le sulfate de soude, il y aurait donc dans 1348 gr. de ce sulfate

$$\frac{1348 \times 28}{100 \times 9} = 41^{gr},938 \text{ d'acide,}$$

c'est-à-dire $41^{gr},938 - 25^{gr},082$ de plus que n'en contient le mélange ou $16^{gr},856$.

Mais en remplaçant 100 kilog. de sulfate de soude par 100 kilog. de sulfate de potasse, l'excédant diminue de

$$\frac{56}{18} - \frac{45}{93} = \frac{28}{9} - \frac{15}{31} = \frac{733}{279} \text{ de kilog.}$$

Donc autant de fois $\frac{733}{279}$ sera contenu dans $16^{gr},856$, autant il y avait de fois 100 kilog. de sulfate de potasse.

En effectuant les calculs, on trouve qu'il y avait dans le mélange

$$0^{kg},64158 \text{ de sulfate de potasse}$$

et $\qquad 0,70642 \qquad — \qquad$ de soude.

APPENDICE

SIMPLIFICATIONS

QUI PEUVENT SE PRÉSENTER DANS LE CALCUL
DES INTÉRÊTS ET DES ESCOMPTES.

Dans toute règle d'intérêt, il entre *quatre* quantités :

1° Le capital ou la somme placée;
2° L'intérêt de ce capital;
3° Le taux, c'est-à-dire le revenu annuel de 100 fr.
4° Enfin le temps pendant lequel reste placé le capital.

Ces 4 quantités sont liées entre elles par certaines relations qui permettent d'en calculer une quelconque lorsqu'on connaît les 3 autres.

Si l'on représente :

Le capital par C
L'intérêt par i
Le taux par r
et le temps par t

t représentant un nombre entier ou fractionnaire d'années, on trouve les 4 formules suivantes :

$$1° \qquad i = \frac{C \times r \times t}{100}; \text{ d'où}$$

$$2° \qquad C = \frac{100 \times i}{r \times t}$$

$$3° \qquad r = \frac{100 \times i}{C \times t}$$

$$4° \qquad t = \frac{100 \times i}{r \times C}$$

Au moyen de ces 4 formules, il est facile de calculer : 1° l'intérêt; 2° le capital; 3° le taux, et 4° le temps, lorsqu'on connaît les 3 autres quantités.

1° Intérêt. *Problème.* Trouver l'intérêt de 35270 fr. placés à 4,50 pour 100 pendant 6 mois.

Réponse, 793^f,575.

Solution. En remplaçant les lettres par les nombres qu'elles représentent, la formule $i = \dfrac{C \times r \times t}{100}$ devient

$$i = \frac{35270 \times 4,50 \times 6}{100 \times 12} = \frac{35270 \times 4.50}{100 \times 2} = 793^f,575.$$

2° Capital. *Problème.* Combien faudrait-il placer à $5\frac{3}{4}$ p. 100 pour avoir 3178^f,20 d'intérêt en 320 jours ?

Réponse, 62182^f,17.

Solution. La formule $C = \dfrac{100 \times i}{r \times t}$ devient, dans l'exemple actuel,

$$C = \frac{100 \times 3178,20 \times 4 \times 360}{23 \times 320} = \frac{158910 \times 9}{23} = 62182^f,17.$$

3° Taux. *Problème.* A quel taux faudrait-il placer 28300 fr. pendant 1 an et 4 mois pour avoir 1238 fr. d'intérêt ?

Réponse, 3,28.

Solution. La formule $r = \dfrac{100 \times i}{C \times t}$ donne

$$r = \frac{100 \times 1238 \times 12}{28300 \times 16} = \frac{1238 \times 3}{283 \times 4} = \frac{619 \times 3}{283 \times 2} = 3,28.$$

4° Temps. *Problème.* Pendant combien de temps faudrait-il placer 50000 fr. à $6\frac{1}{4}$ pour 100 pour avoir 1800 fr. d'intérêt.

Réponse, 6 mois 27 jours.

Solution. La formule du temps $t = \dfrac{100 \times i}{C \times r}$ donne

$$t = \frac{100 \times 1800 \times 4}{50000 \times 25} = \frac{18 \times 4}{125} = 6 \text{ mois } 27 \text{ jours.}$$

L'escompte commercial ou en dehors étant l'intérêt de la valeur nominale du billet, les formules précédentes sont applicables aux règles d'escompte.

Mais les escomptes qui ne sont que des remises, des courtages, primes, etc., se calculent sans considération du temps.

Dans ce cas, la formule est $i = \dfrac{C \times r}{100}$ (c'est la même que celle de l'intérêt où on ferait $t = 1$).

Lorsque le taux est 5 elle devient :

$$i = \frac{c \times 5}{100} = \frac{c \times 10}{2 \times 100} = \frac{c}{2 \times 10},$$

c'est-à-dire qu'on divise le capital par 10 et par 2.

Lorsque le taux est $\frac{1}{2}$, $i = \dfrac{c \times 1}{2 \times 100}$, c'est-à-dire qu'on prend le 100e de la moitié du capital.

On reconnaît facilemet que l'escompte d'une somme

à $5\frac{1}{2}$ s'obtient en ajoutant l'escompte à 5 et celui à $\frac{1}{2}$;

à $4\frac{1}{2}$ —   en retranchant l'escompte à $\frac{1}{2}$ de celui à 5;

à $2\frac{1}{2}\left(\frac{5}{2}\right)$ —   en divisant par 2 l'escompte à 5;

à $2\frac{3}{4}$ —   en ajoutant les escomptes à $2\frac{1}{2}$ et $\frac{1}{4}$;

à $2\frac{1}{4}$ —   en retranchant l'escompte à $\frac{1}{4}$ de celui à $2\frac{1}{2}$;

à $3\frac{1}{2}$ —   en ajoutant les escomptes à $2\frac{1}{2}$ et à 1.

Ces indications suffisent pour mettre sur la voie des simplifications analogues qui se présentent dans la pratique.

MÉTHODES EMPLOYÉES DANS LA COMPTABILITÉ
POUR LE CALCUL DES ESCOMPTES.

On emploie généralement deux méthodes pour le calcul des escomptes :

La méthode des parties aliquotes,
et la méthode des nombres et des diviseurs.

MÉTHODE DES PARTIES ALIQUOTES.

Cette méthode consiste à décomposer le nombre de jours donné en un nombre fixe qui sert de base à l'opération et en sous-multiples ou parties aliquotes de ce nombre fixe; puis l'on cherche l'intérêt ou l'escompte de la somme énoncée, pendant ces divers nombres de jours, et l'on fait la somme de ces escomptes partiels.

Le nombre fixe qui sert de base à l'opération dépend du taux. Nous allons expliquer comment on détermine cette base.

Reprenons la formule de l'intérêt

$$i = \frac{C \times r \times t}{100}.$$

Il est facile de remarquer que si le taux est 5 et le nombre de jours 72, cette formule devient

$$i = \frac{C \times 5 \times 72}{100 \times 360} = \frac{C}{100},$$

c'est-à-dire que l'intérêt est la centième partie du capital.

Donc, si l'on veut calculer l'escompte de 3468 fr., par exemple, pendant 90 jours, on aura :

$34^f,68$, escompté pendant 72 jours

$8,67 — — 18 — $ (8,67 est $\frac{1}{4}$ de 34,68)

et $43^f,35 — — 90 —$

On trouve de même que l'intérêt ou l'escompte est la 400ᵉ partie du capital

		lorsque le taux est		et le nombre de jours	
		2			180
—	—	3	—	—	120
—	—	4	—	—	90
—	—	$4\frac{1}{2}$	—	—	80
—	—	6	—	—	60
—	—	8	—	—	45
—	—	9	—	—	40
—	—	10	—	—	36
—	—	12	—	—	30

Il suffit donc, comme nous l'avons fait pour le taux 5, de décomposer le nombre de jours donné en un nombre correspondant au taux et en sous-multiples ou parties aliquotes de ce nombre.

Quelques exemples suffiront pour faire comprendre le mécanisme de cette méthode.

1er *exemple*. Calculer l'escompte de 5840 fr. à 4 pour 100 pendant 102 jours.

$$58^f,40, \text{ escompte pendant } 90 \text{ jours.}$$
$$5,84 \quad - \quad - \quad 9 \quad -$$
$$1,946 \quad - \quad - \quad 3 \quad -$$
$$\overline{66^f,186 \quad - \quad - \quad 102 \quad -}$$

2e *exemple*. Calculer l'escompte de 8372 fr. à $4\frac{1}{2}$ pour 100 pendant 95 jours.

$$83^f,72, \text{ escompte pendant } 80 \text{ jours.}$$
$$10,465 \quad - \quad - \quad 10 \quad -$$
$$5,2325 \quad - \quad - \quad 5 \quad -$$
$$\overline{99^f,4175 \quad - \quad - \quad 95 \quad -}$$

3e *exemple*. Calculer l'escompte de 15318 fr. à 6 pour 100 pendant 45 jours.

$$153^f,18, \text{ escompte pour } 60 \text{ jours.}$$
$$76,59 \quad - \quad - \quad 30 \quad -$$
$$38,295 \quad - \quad - \quad 15 \quad -$$
$$\overline{114^f,885 \quad - \quad - \quad 45 \quad -}$$

MÉTHODE DES NOMBRES ET DES DIVISEURS.

Lorsqu'on doit escompter plusieurs sommes au même taux, ce qui arrive assez fréquemment dans les comptes courants, il est préférable d'employer la méthode des nombres et des diviseurs. C'est cette méthode que nous allons étudier.

Reprenons encore la formule générale de l'intérêt :

$$i = \frac{C \times r \times t}{100}.$$

L'année étant toujours comptée comme étant de 360 jours, si nous représentons par n le nombre de jours d'escompte d'un billet, la formule précédente devient :

$$i = \frac{C \times r \times n}{100 \times 360} = C \times n : \frac{36000}{r}.$$

Or, lorsque le taux sera l'un des nombres :

$$2, \quad 3, \quad 4,5, \quad 5, \quad 6, \quad 8, \quad 9, \quad 10, \quad 12,$$

$\frac{36000}{r}$ deviendra respectivement :

$$18000, \quad 12000, \quad 9000, \quad 8000, \quad 7200, \quad 6000, \quad 4500, \quad 4000,$$
$$3600, \quad 3000.$$

Donc la règle consistera à multiplier le montant du billet escompté par le nombre de jours et à diviser le produit par le diviseur correspondant au taux.

Le produit de la somme escomptée par le nombre de jours s'appelle nombre et le quotient de 36000 par le taux se nomme diviseur.

On comprend sans peine l'avantage de cette méthode lorsque plusieurs sommes doivent être escomptées au même taux, puisqu'il n'y aura qu'un diviseur unique pour tous les nombres.

Nous allons donner un exemple pour mieux faire saisir la simplification du calcul.

Un négociant fait escompter le même jour, 31 décembre, les billets suivants au taux commun de 5 pour 100 :

$$3520 \text{ fr. payables le 15 mars;}$$
$$4278 \quad — \quad \text{le 10 avril;}$$
$$865 \quad — \quad \text{le 20 mai;}$$
$$1072 \quad — \quad \text{le 5 juin;}$$
$$560 \quad — \quad \text{le 12 juin.}$$

Trouver le montant de ces divers escomptes.

Solution. Comme on compte généralement le jour où se fait la négociation du billet et qu'on ne tient pas compte du jour de l'échange, on aura le tableau suivant :

ESCOMPTE AU 31 DÉCEMBRE A 5 POUR 100.

SOMMES ESCOMPTÉES.	DATES.	JOURS.	NOMBRES.	DIVISEURS.
3520^f	15 mars	74	260480	
4278	10 avril	100	427800	
865	20 mai	140	121100	7200
1072	5 juin	156	167232	
560	12 juin	163	91280	
10295^f			1067892	

$$\frac{1067892}{7200} = 148^f,32 \text{ d'escompte à déduire}$$

148^f,32
10146^f,68

du montant des effets escomptés.

Pour calculer le nombre de jours compris entre deux dates on peut se servir du tableau suivant :

JANVIER.	FÉVRIER.	MARS.	AVRIL.	MAI.	JUIN.	JUILLET.	AOÛT.	SEPTEMBRE.	OCTOBRE.	NOVEMBRE.	DÉCEMBRE.
9	31	59	90	120	151	181	212	243	273	304	334

Sous chaque mois se trouve écrit le nombre de jours écoulés avant le 1er de ce mois.

Note. Outre le taux de l'escompte, les banquiers prélèvent généralement de $\frac{1}{2}$, $\frac{1}{3}$, etc., pour 100 de commission sur les sommes encaissées.

Cette commission augmente d'autant l'escompte normal.

La commission se calcule sans avoir égard au temps.

Nous donnons ici un modèle de bordereau d'escompte. On

nomme ainsi une espèce de facture dans laquelle sont portés les calculs relatifs aux effets escomptés.

Exemple.

Négociation du 1er mars 1865 de 2360, sur Paris, au 25 avril

$$55 \text{ jours à } 4\frac{1}{2} \text{ p. 100} \ldots \ldots \ldots \ldots \quad 16^{f},225$$

$$\text{Commission } \frac{1}{2} \text{ p. 100} \ldots \ldots \ldots \quad 11,80$$

Escompté.   28 ,025
Net. . . . . 2331^f,975
Somme égale. . . . . 2360^f,000

La commission étant de $\frac{1}{2}$ p. 100 pour 2 mois à peu près, on peut donc dire que l'argent est emprunté réellement à $7\frac{1}{2}$ p. 100, un peu plus même.

Nous ne voulons pas terminer ces remarques sans donner un modèle de compte courant. Nous nous proposons, à cette occasion, d'expliquer le moyen ingénieux adopté par les banquiers dans les opérations de ce genre.

Soit proposé l'exemple suivant :

Un négociant a un compte ouvert chez un banquier. Ce dernier a payé pour le négociant :

856 fr. le 20 janvier;
540 fr. le 10 février;
1065 fr. le 15 mars;
572 fr. le 8 avril;
et   780 fr. le 5 mai.

D'un autre côté, le banquier redevait au 31 décembre précédent 2146 fr. au négociant pour lequel il a reçu, en outre :

1050 fr. le 25 janvier;
730 fr. le 15 février;
378 fr. le 20 mars;
548 fr. le 11 avril;
et   662 fr. le 12 mai.

On règle le compte le 15 juin, au taux de 5 p. 100, le banquier prélevant $\frac{1}{3}$ p. 100 de commission sur les sommes encaissées.

On pourrait, d'une part, ajouter aux sommes payées par le banquier : 1° Les escomptes de ces diverses sommes; 2° la commission de $\frac{1}{3}$ p. 100 sur les sommes encaissées;

Et, d'autre part, ajouter aux sommes reçues par le banquier les escomptes de ces sommes.

Le premier résultat exprimerait le *Doit* du négociant et le second son *Avoir*.

La différence entre le *Doit* et l'*Avoir* ferait connaître lequel du banquier ou du négociant est créancier de l'autre.

Ce n'est pas ainsi que l'on procède.

Tous les escomptes des sommes payées ou reçues sont calculés depuis le jour où le compte est ouvert jusqu'à celui où il est fermé, en établissant les compensations de la manière suivante :

Lorsque le banquier fait payer, par exemple, 20 jours de plus d'escompte au négociant, il les porte à l'avoir de ce dernier, et réciproquement, lorsqu'il paie, lui, banquier, 20 jours de plus d'escompte au négociant, il les porte au *Doit* du négociant.

Le compte courant pris pour exemple se trouve résumé dans le tableau suivant :

Doit.   *M. A., son compte courant chez M. B., banquier.*   **Avoir.**

MOIS.	DATES.	CAPITAUX.	JOURS.	NOMBRES	MOIS.	DATES.	CAPITAUX.	JOURS.	NOMBRES
Janv.	20	Payé 856ᶠ	20	17120	Déc.	31	Créancier 2146ᶠ	»»	
Fév.	10	640	41	26240	Janv.	25	Reçu 1050	25	26250
Mars.	15	1065	74	78810	Févr.	15	730	46	33580
Avril.	8	572	98	56056	Mars.	20	378	79	29862
Mai.	5	780	125	97500	Avril.	11	548	101	55348
Juin.	15	Balance des capitaux (1601)ᶠ	166	265766	Mai.	12	662	132	87384
		Commission à $\frac{1}{3}$ p. 100 11ᶠ226					Intérêts sur la balance des nombres 42ᶠ,92		309068
		Créancier pour balance 1632,694					5556ᶠ,92		541492
		5556,92		541492			Créancier à nouveau, valeur 15 juin 1632,694		

1° Le banquier a reçu pour le négociant 5514 fr.

2° Il a payé pour ce même négociant 3913 fr.

Or, les escomptes de ces deux sommes étant comptés depuis le 31 décembre jusqu'au 15 juin suivant, c'est-à-dire pour 166 jours

Le banquier doit donc au négociant l'intérêt de $5514^f - 3913^f = 1601$ fr. à 5 p. 100 pendant 166 jours. On le porte au profit du négociant, en l'ajoutant aux nombres de gauche.

En additionnant les nombres écrits au profit du négociant, c'est-à-dire les nombres de gauche, et ceux écrits au profit du banquier, c'est-à-dire les nombres de droite, on trouve

        Pour la première somme 541492

et   pour la deuxième —   232424.

La balance des nombres $541492 - 232424 = 309068$ est donc encore à l'avantage du négociant.

En divisant cette différence par 7200, on trouve $42^f,92$ d'intérêt qu'on ajoute à son *Avoir*.

3° La commission du banquier $\frac{1}{3}$ p. 100 sur les cinq sommes qu'il a encaissées depuis le dernier règlement s'élève à $11^f,226$ qu'on porte au *Doit* du négociant.

4° Enfin, on fait la différence de l'*Avoir* et du *Doit*.

Avoir. . $5556^f,92$ { différence $1632^f,694$ en faveur du
Doit. . . $3924^f,226$ { négociant.

On les porte à son *Avoir* à nouveau, valeur du 15 juin.

FIN.

www.ingramcontent.com/pod-product-compliance
Lightning Source LLC
Chambersburg PA
CBHW061346060726
47597CB00003B/744